［英］艾玛·凯 著　张必翘 译

A DARK HISTORY OF CHOCOLATE

巧克力
的暗黑历史

中国科学技术出版社

·北 京·

Copyright © Emma Kay, 2021

The simplified Chinese translation rights arranged through Rightol Media（本书中文简体版权经由锐拓传媒取得　Email:copyright@rightol.com）

图书在版编目（CIP）数据

巧克力的暗黑历史 /（英）艾玛·凯（Emma Kay）著；张必翘译 . -- 北京：中国科学技术出版社，2023.12
书名原文 : A Dark History of Chocolate
ISBN 978-7-5236-0384-0

Ⅰ.①巧… Ⅱ.①艾… ②张… Ⅲ.①巧克力糖—历史—世界 Ⅳ.① TS246.5-091

中国国家版本馆 CIP 数据核字（2023）第 237999 号

北京市版权局著作权合同登记　图字：01-2023-4396

策划编辑	张建平
责任编辑	张建平　王绍昱
装帧设计	中文天地
责任校对	张晓莉
责任印制	马宇晨

出　　版	中国科学技术出版社
发　　行	中国科学技术出版社有限公司发行部
地　　址	北京市海淀区中关村南大街 16 号
邮　　编	100081
发行电话	010-62173865
传　　真	010-62173081
网　　址	http://www.cspbooks.com.cn

开　　本	169mm×239mm　1/16
字　　数	197 千字
印　　张	16
版　　次	2023 年 12 月第 1 版
印　　次	2023 年 12 月第 1 次印刷
印　　刷	北京荣泰印刷有限公司
书　　号	ISBN 978-7-5236-0384-0 / TS·111
定　　价	98.00 元

（凡购买本社图书，如有缺页、倒页、脱页者，本社发行部负责调换）

致　谢

　　我想要感谢笔与剑图书公司（Pen & Sword Books）的许多工作人员，感谢他们一直以来的支持，并允许我为他们写作另一本书，这是一件令我快乐的事情。特别感谢克莱尔·霍普金斯（Claire Hopkins）、设计精美封面的设计师保罗·威尔金森（Paul Wilkinson），编辑技巧高超的洛里·琼斯（Lori Jones）、劳拉·赫斯特（Laura Hirst）和凯琳·伯纳姆（Karyn Burnham），以及在推广中一直保持乐观的查理·辛普森（Charlie Simpson）。还要感谢艾伦·墨菲（Alan Murphy）为我提供了本书的创意。

　　一如既往，我必须感谢对我忍受良久的丈夫和英俊而耐心的儿子，是他们给予我灵感和支持，并在我工作和事业方面非常宽容。还要感谢朋友、家人以及我生命中的每个人，在我作为食物历史学家的道路上，他们一直鼓励着我。

　　特别感谢英国德文郡的卡金顿（Cockington）巧克力公司，尤其是托尼·费根（Tony Fagan）和西蒙·斯托里（Simon Storey）。尽管书中的脉络最终没有像你们设想的那样发展，但我从你们那里学到了很多！

书中涉及计量单位的换算关系：

1 品脱（英制）=568.26125 毫升

1 品脱（英制）=20 液量盎司

1 夸脱（英制）=1136.5225 毫升

1 盎司 =28.35 克

1 磅 =453.59 克

1 英寸 =2.54 厘米

1 英尺 =30.48 厘米

1 ℉（华氏度）=17.22℃（摄氏度）

目
录 Contents

引　言

　　在酝酿这本书的过程中，我发现了大量关于巧克力以及它与全球社会阴暗面的历史联系的不寻常信息。当然，我知道巧克力的起源地是墨西哥，也知道可可豆的生产与肮脏的奴隶制密不可分，但我从未真正思考过巧克力既有滋养作用又有藏污纳垢能力的非凡特性。

　　也许从探索本书书名中"暗黑"（dark）这个词的确切含义开始会更好一些。

　　最初，我的出发点是采访巧克力制造商，以了解与巧克力有关的政治和经济困境，同时还计划调查可可种植园的历史影响，包括对人类和环境造成的后果。然而，结果并不如我所愿。调查的焦点开始转向探究那些巧克力扮演关键角色的故事，而这些故事显然不是指浪漫的情人节、蓬松的毛绒兔子玩具和甜蜜的梦境，因为本书总归是要深入到一些黑暗的历史角落——"黑暗"包含了一种可怕的绝望感、隐秘的动机和险恶的机缘。这个词有如此多的定义，你很容易在探索其潜在含义时迷失方向。在阅读本书时，你有时可能会想："等等，这不是件好事吗？"是的，黑暗中总会有光明浮现，巧克力在绝望时刻可给予人们希望，它有神奇的能力可以在一切都混乱不堪时振奋人心。巧克力既造就了人们，也摧毁了他们。它不但有能力在被质疑时提升人们的信心，还有掩饰死亡本身的能力。巧克力既神奇又具有破坏性，既明亮又黑暗，就像它的不同品种和口味一样。

正在阅读这段文字的读者可能已经对欧洲是如何接触到巧克力的故事有所了解，但你们可能并不完全理解这个故事里不太讲究道义的叙述角度，巧克力从其药用起源直到在商业上被过度利用，其中都夹杂着隐匿的剥削、杀戮、毒害和虐待。

但我首先打算用下面这部分文字向读者介绍一下巧克力的起源以及它在世界范围内走向主流的历程。

可可树（被称为"众神的食物"）是一种原产于美洲的小树，它可以长到大约 16 ~ 18 英尺（约 5 ~ 6 米）高，长有细长、卵圆形的尖叶，花小巧，并最终结出长达 10 英寸（约 30 厘米）的果荚。每个果荚中含有约 40 颗或更多的种子，成熟后在阳光下被晒干，最后成为巧克力豆或坚果。尽管可可碱具有希腊神祇般的起源，但它也是咖啡因的近亲，既具有成瘾性，又有兴奋作用。

"巧克力"（chocolate）的词源可以追溯到玛雅语中的"chacau"和"kaa"，意为"热饮料"。这些词后来演变成"cacauhaltl"和"xocoatl"，最终成为"cacao"。"cacao"是指加工之前植物或豆类的名称，而"chocolate"则指用这些豆制成的所有产品。"Cocoa"是巧克力的粉末形式，在加工可可粉时需要将液态巧克力中的一半脂肪或可可脂去除。可可果荚至今仍然需要手工采摘，这是一个耗时、繁重和劳动密集的过程，需要用大砍刀才行。每个果荚中含有约 40 颗可可豆，大多数可可树至少需要 3 年时间才能结出可可豆。这些可可豆经过发酵、晒干、烘烤和碾磨，可以先将可可豆仁与外壳分离，然后可可豆仁再经过研磨，就可以制作成各种巧克力产品了。

新鲜的液态巧克力，由可可豆仁研磨而成
（©Emma Kay）

可可被认为起源于大约4000年前的亚马孙地区。当地的玛雅人崇拜一位掌管巧克力、鲜花和水果的古老生育女神，他们称她为"伊克斯卡奥"（Ixcacao），她保佑着每年的庄稼丰收，并保护人们免受灾祸。《波波尔·乌》（Popol Vuh）（译注：该书是玛雅人的一部古典史诗，表现了玛雅人对大自然、对人类命运的乐观态度）是玛雅人口口相传的叙事，最终在16世纪被以书面形式记录下来。到了18世纪晚期，这些故事的一个更简明的手稿被抄录下来，它为我们呈现出如今人们所知的中美洲，也就是包括墨西哥、伯利兹、危地马拉、萨尔瓦多、尼加拉瓜、洪都拉斯和哥斯达黎加等地的古代土著社群的早期社会形态、神话和传说。这些文献记载了一些关于可可的最早历史。玛雅人的神"艾克曲瓦"（Ekchuah）（译注：是玛雅神话中的战神，总是穿着黑衣，保护着可可的种植）是商人和可可种植者的神，那些拥有可可种植园的人们会举行祭祀仪式，向艾克曲瓦献上不幸长有可可色斑点的狗作为祭品。

在人类祭祀仪式中，例如阿兹特克人（译注：是北美洲南部墨西哥人口最多的一个印第安族系）每年举行的以祭祀战争与太阳之神"维齐洛波奇特利"（Huitzilopochtli）为主题的节日上，为了向商人和旅行者的保护神"亚卡特库特里"（Yacatecuhtli）致敬，人们通常会在活动之前给予参与者一杯浓郁的可可饮料，以使其进入愉悦的状态，开启他们的心灵世界，并且在整个祭祀过程中稍微减轻一些痛苦。阿兹特克人认为可可是他们的"羽蛇神"（Quetzalcoatl）（译注：是古代墨西哥阿兹特克人崇奉的重要神祇）赐予的礼物，据说是他发现了可可豆藏在一座山中。除了将可可豆作为一种浓稠、不加糖的饮料饮用外，可可豆还是一种有价值的货币。彼得罗·马提尔·丹吉埃拉（Pietro Martire d'Anghiera）于1555年出版的《新世界或西印第安的几十年》（*The Decades of the Newe Worlde or West India*）中指出，新西班牙（即我们现在所知的墨西哥）的人民"不使用黄金和白银作为货币，而是用半颗杏仁壳作为货币，这种原始的货币他们称为可可豆（Cacao）"[1]。

　　有趣的是，在早期的文献中，可可豆常常被与杏仁进行比较。它们在外观上有一定的相似性，并且杏仁和可可豆在历史上经常在传统食谱中进行搭配使用。这两种坚果还都可以帮助降低胆固醇。早期文献记载，一度流行的做法是将巧克力塑造成杏仁的形状，而杏仁至少在15世纪以来就一直被英国进口，而后更是慢慢演变成为一种昂贵的商品。下面的食谱来自玛丽·伊尔斯（Mary Eales）的《玛丽·伊尔斯夫人的食谱》（*Mrs Mary Eales's Receipts*），最初写于1711年，后来在她大约于1718年去世时出版。黄蓍胶（Gum Dragon）有点类似于早期的明胶，曾经被广泛用于制作糖果。这里提到的"2勺本（Ben）"可能指的是本树坚果（bennuts），可从中提取食用油，味道有点类似辣根。

耐人寻味的是，伊尔斯声称自己是安妮女王的糖果师，但在这个时期的皇家宫廷正式记录中并没有列出她的名字，所以她可能只是为女王制作了某一次特殊产品，却利用了这次生意大肆造势。顺便提一下，玛丽·伊尔斯也经常被引用为首次用英文出版冰激凌配方的作者，但事实是还有其他更早的关于这方面的参考资料，包括第一任格兰维尔女伯爵格蕾丝·卡特里特（Grace Carteret）的食谱手稿。

玛丽·伊尔斯的巧克力杏仁食谱

取 2 磅细筛过的糖，1/2 磅磨碎并筛过的巧克力，1 粒麝香，1 粒琥珀，2 勺本树坚果，用香橙花水将黄蓍胶浸泡，使其成为硬硬的糊状。在研钵中充分搅拌，将其做成杏仁状，然后将其放在纸上晾干，但不要放在炉子里烘焙。

一些历史学家认为，克里斯托弗·哥伦布（Christopher Columbus）在 1502 年截获一艘装载可可豆的船后，将其带回欧洲，从而使可可丰厚的历史和风味被欧洲贵族所知。而据信危地马拉的玛雅人在 16 世纪中期向西班牙的菲利普（Philip）亲王赠送了装满巧克力的陶瓢，使可可立即成为风靡西班牙宫廷的饮品选择。

欧洲的可可流行风潮更有可能是早期欧洲人征服蒙特祖玛（Montezuma）统治的阿兹特克王国的结果。在 15 世纪，阿兹特克人统治着墨西哥中部的一个帝国，其中包括大约 400 座城市。莫克特苏马二世或蒙特祖玛（意为"像领主一样皱眉的人"），于 1502 年成为阿兹特克王国的第九任也是最后一任国王，他接受了良好教育，并精通数学和军事战略。

蒙特祖玛带领军队四处征战并赢得了很多战争，还非常关心人民的福祉，但关于他本人的历史细节仍然很少，且相互矛盾。

蒙特祖玛

1518 年，西班牙探险家们抵达特诺奇蒂特兰（现称墨西哥城），进行补给和维修。因不满当地工人们的消极怠工，领导这次远征的赫尔南·科尔特斯（Hernán Cortés）船长离开那里，追上了先期抵达阿兹特克的船员，并很快与当地的阿兹特克人熟识。

科尔特斯船长多次试图与蒙特祖玛会面，但都未成功，因为蒙特祖玛不愿在阿兹特克日历预示未来一年有不祥之兆时接待外国访客。一场战斗随之爆发，由于西班牙人拥有马匹和火器的优势，而阿兹特克人甚至从未见过马匹，蒙特祖玛别无选择，只能接纳科尔特斯和他的征服者们。蒙特祖玛给予了西班牙征服者们很大的自由，而这对他来说肯定是不利的。在西班牙人推翻蒙特祖玛后，他立刻失去了所有权威，他的人民也变得极其脆弱和无助。

科尔特斯的船员之一贝尔纳尔·迪亚斯·德尔·卡斯蒂略（Bernal Diaz del Castillo）记述了有关西班牙人对墨西哥的征服和他们最初到达墨西哥的情景，并描述了可可豆在市场上的销售情况。被描述的这个市场如今是墨西哥城的一个郊区。

　　当我们到达"特拉特洛尔科"的市场时……我们对市场里的人山人海、大量的商品以及市场的秩序井然感到惊讶，因为我们以前从未见过这样的场景。让我们从贩卖金银、宝石、羽毛、斗篷、绣制品以及男女奴隶的商人开始说起……还有那些贩卖粗布料、棉制品和纺织品的商人，还有卖巧克力的商人。在这里，你可以看到所有在新西班牙地区能被找到的商品。

卡斯蒂略还记录了蒙特祖玛举行的众多盛大盛宴之一，他写道：

　　有时他会邀请小丑为他表演风趣的笑话，还有其他表演者为他跳舞和唱歌。蒙特祖玛非常喜欢这些娱乐活动，他甚至下令将吃剩的菜和可可酒分发给这些表演者。用餐结束后，四个女子清理桌布并给他送来洗手水。在这段时间里，他会与四位长老稍作交谈，然后离开餐桌，享受下午的小睡。[2]

由于自己的失败而最终成为受害者，据说蒙特祖玛的人民转而对他发动了叛乱，并在1520年用石头砸死了他。[3] 然而，还有另一种说法称，蒙特祖玛是在对西班牙人不再有用时被他们谋杀的。而最近发现的手稿则描写他戴着镣铐，最后被绞死了。

贝尔纳尔·迪亚斯·德尔卡斯蒂约（Bernal Diaz Del Castillo）则认为蒙特祖玛是一位高贵而备受尊敬的领袖：

> 科尔特斯和我们所有的军官与士兵都为他哭泣，我们当中认识他并与他打过交道的人，没有一个不像哀悼自己的父亲一样哀悼他，这并不奇怪，因为他是如此优秀……伟大的蒙特祖玛，大约40岁，身材高大，比例匀称，消瘦，肤色并不十分黑，而是典型的印第安人肤色。他的头发不长，大约耳朵上方的长度，留着整齐而短短的黑胡子……他的脸相当长而开朗，眼睛很漂亮，他在外貌和举止上可以表现得很亲切，而在必要时又保持严肃。他整洁干净，每天下午都洗澡……他有许多情妇，都是酋长的女儿，但他只有两个合法妻子……他穿过的衣服要过三四天才再穿。他有一支由两百名士兵组成的卫队，就住在他自己房间的旁边，但只有其中一部分人被允许与他说话。[4]

蒙特祖玛对西班牙人无疑是热情好客的，他甚至为他们提供了当地的食物和饮料，包括"苦水"（xocoatl）（译注：是当时一种用烘干碾碎的可可豆与水、辣椒混合而成的苦味饮料）或是巧克力。巧克力最初被认为是由墨西哥的第一个文明——奥尔梅克人发现的，然后传给了玛雅人，而后阿兹特克人对它的渴望甚至超过了黄金。

科尔特斯于1528年带着墨西哥的可可豆回到西班牙，从那时起，可可豆在欧洲受到欢迎，并传播开来。从17世纪上半叶开始，大量的可可豆从西班牙殖民地进口而来，尤其是荷兰人大量贩卖可可豆，使得可可豆在 17 世纪 60 年代就开始在巧克力屋中出售。

在"新西班牙"的殖民者迫使当地人民在新的可可种植园中成为奴隶。几个世纪以来，统治的混乱、疾病和流行病导致在原始奴隶制度下的土著人口在 17 世纪末只在当地人口中占据极小的比例。到了 19 世纪，可可从南美洲传入非洲，通过来自南美洲的扦插苗技术传入包括加纳、尼日利亚、法属喀麦隆和科特迪瓦在内的西非殖民地。如今，非洲为全球巧克力生产供应了大部分的可可。

当英国 1655 年从西班牙手中夺取了牙买加的统治权时，他们在当地发现了生长茂盛的可可园，并很快开始利用这一优势，将牙买加确立为一段时间内英国的主要可可供应国。在西班牙失去垄断地位后，可可的价格开始下降，法国、英国和荷兰的生产商开始在自己的殖民地种植可可。

据推测，卡莱蒂（Carletti）家族中的父亲或儿子可能是在 17 世纪早期游历西印度群岛和西班牙后，首先将巧克力引入意大利的人。意大利人最初是饮用冷巧克力，要在其中加入冰块或雪。据说第一个接触可可的城市是佩鲁贾，这个传说延续至今。佩鲁贾每年都会举办欧洲最大的巧克力节，并于 1922 年创立了标志性的巧克力品牌"baci"（意为"亲吻"），但现在归雀巢公司所有[5]。德国是最早开始在睡前喝巧克力的国家之一，而瑞士 1792 年开始制造巧克力，但直到 19 世纪巧克力才真正流行起来，并实现大规模生产。比利时的巧克力历史更是可以追溯到 1635 年左右，大约 30 年后，埃马纽埃尔·斯瓦雷斯·德·里内罗（Emmanuel Swares de Rinero）授予布拉班特地区制造巧克力的专利权，开始生产巧克力。

巧克力最早于 18 世纪传入挪威，比如，当时特隆赫姆的一位商人就在报纸上刊登了一则广告，介绍了一种"具有药用效果的巧克力，有益于胃部、胸部，可治疗咳嗽、消除头晕、清除痰液并促进性功能"。巧克力被视为一种既健康又"罪恶"的产品。[6]

巧克力在整个欧洲的普及可以归功于它从简单的与水或牛奶混合的饮料发展为糖果和其他烹饪食物主要成分的进程。《牛津英语词典》指出，巧克力作为一种饮料在英国的最早记录可以追溯到 1604 年，而以馅饼或糕状形式出现则在 1659 年。巧克力也成为政府严控的对象，以便从关税和消费税中筹集政府收入，同时保护英国的巧克力制造商免受海外竞争对手的冲击。1721 年 2 月 25 日至 28 日期间伦敦进口商品清单中就列明，有 35 英担（约 1.7 吨）的巧克力通过荷兰进入了英国[7]。

到了 1723 年，所有"成品"巧克力的进口被禁止。政府设立了新的税收项目："每一位药剂师、杂货商、蜡烛商、咖啡馆老板、巧克力屋老板，以及所有其他从事咖啡、茶、可可豆或巧克力的批发或零售业务，或者从事巧克力制造的人，都被要求标注其产品的确切来源。"

在 1723 年之后，英国针对家庭和个人制作巧克力所使用的可可豆重新确立了进口政策，新政策规定可可豆需以碾碎的或者固态巧克力"蛋糕"的形态进口。实际上，政策的改变对巧克力贸易本身几乎没有什么影响，但由于巧克力的这些形态令其更容易产生腐败和发出难闻的气味，所以非常影响巧克力的整体品质[8]。

约翰·诺特（John Nott）于 1723 年出版的《厨师与糖果师词典》（*Cooks and Confections Dictionary*）指导读者在当时如何用水和牛奶来制作巧克力（诺特是博尔顿公爵的厨师）。有趣的是，最初人们会使用面粉来增稠饮料，显然这会使这些饮料变得过于浓稠。

用水制作巧克力

取 1 夸脱的水，加入 1/4 磅无糖巧克力，1/4 磅细砂糖，1/4 磅上等白兰地，1/8 盎司细面粉和少许盐，混合后溶解并煮沸，大约需要 10 ~ 12 分钟。

用牛奶制作巧克力

取 1 夸脱的牛奶，加入 4 盎司的无糖巧克力，同样多的细砂糖，1/8 盎司细面粉或淀粉，以及少许盐，混合后溶解并煮沸，如同前述步骤[9]。

在本书中，你将会读到有关海盗、杀人犯和奸商如何为了金钱、个人利益和情感而利用巧克力的故事。这类事件导致的不仅是个体灵魂的毁灭，还有整个社会风尚的崩坏。巧克力有可能隐藏那些最邪恶的意图和最卑劣的行为。

1714 年，教会官员保罗·洛兰（Paul Lorrain）写道："世上没有比巧克力更不适合人类身体的东西了，更别提那些讨厌的添加物，或者街头上像毒药一样糟糕的巧克力产品。"[10]

巧克力经常被掺入有害成分，包括香草和卡斯蒂利亚肥皂。卡斯蒂利亚肥皂是一种以植物油为基础的坚硬肥皂，起源于叙利亚，并由十字军传入欧洲。香草赋予巧克力一种香气，而肥皂在溶解于液体时会使其起泡。在可可豆缺乏的情况下，人们还会使用面粉来增加巧克力的体积。

1899 年出版的《家庭和制造商实用糖果食谱》（*Practical Confectionery Recipes for Household and Manufacturers*）一书指出，当时有两种主要方法可以鉴别被掺假的巧克力，即掺假的巧克力在折断时会碎裂，而且放在舌头上时感觉温热而不是清凉。然而，巧克力也可以掩盖或掩饰有毒甚至致命的物质。作为一种既是兴奋剂又是情绪增强剂的潜在成瘾物质，它还是一种强效的药物。据说 18 世纪的法国作家伏尔泰（Voltaire）每天喝超过 40 杯咖啡与巧克力的混合饮料，以保持他的写作灵感和高产性，而在 1995 年，普通的玛氏（Mars）巧克力棒曾被用来将海洛因和大麻非法带进监狱[11]。

当恋人们浓情蜜意时，人脑会产生一种叫作苯乙胺的化学物质。巧克力中也含有苯乙胺，所以，或许并不奇怪，历史上巧克力因其诱人的力量而被滥用，唤起了人们那些原本被抑制的欲望。有趣的是，人们往往倾向于将一些历史人物视为迷人、浪漫、潇洒和冒险的角色，而也许我们应该据此重新评估他们，揭示他们的缺点，并承认他们不端本性。例如，贾科莫·卡萨诺瓦（Giacomo Casanova）［译注：1725 年生于意大利威尼斯，1798 年卒于波希米亚的达克斯（现捷克杜克卓夫），是极富传奇色彩的意大利冒险家、作家、"追寻女色的风流才子"，18 世纪享誉欧洲的大情圣］是一个不可抗拒且风度翩翩的情圣，但也是一个放荡、不道德和纵欲的滥交者，而巧克力则是他布设甜蜜陷阱的核心。

本书将带你踏上一段历史之旅，其中一些内容并不适合胆小者。书中不但有可怕的故事和富有挑战性的历史叙述，还有关于可可生产和制造中的一些令人不快或难以启齿的见解。

也有一些与巧克力相关的令人悲伤的故事。例如，19 世纪的传统模式救济院本来是为那些无法养活自己的人建造的，后来演变为一种其他形式的社会福利，包括"小屋式住宅"，贫困阶层的孩子与一些"监护人"一起生活。伊莎贝尔·格林（Isabel Green）是 20 世纪 50 年代杜斯伯里（Dewsbury）这些"家庭"之一的成员，她回忆起在那里度过的圣诞节，当时她的生母每年都会寄给她一盒黑魔法巧克力［"黑魔法"是由罗恩特

（Rowntree's）在 20 世纪 30 年代创立的一种受欢迎且价格适中的豪华品牌，现在归雀巢公司所有]，但可悲的是，伊莎贝尔从未吃到过任何巧克力，因为每年工作人员都会把妈妈寄来的巧克力拿走，并公然在她和她的姐姐西尔维亚面前吃掉[12]。

在 20 世纪 90 年代，苏联的囚犯被禁止接收包含巧克力的食物包裹。这些限制是为了防止囚犯囤积高热量的产品，以便他们获得逃跑所需的热量[13]。也许这也是伊莎贝尔·格林"小屋式住宅"工作人员劣行的原因之一。实际上，根据人权观察组织的采访，这一规定直到 2006 年至少在俄罗斯监狱中仍然存在，并且可能在如今仍然被执行。有趣的是，类似法案 1822 年在一些美国监狱中也曾被采用，但禁止食用的是以下食物：饼干、牛奶、洋葱、巧克力、烟草、鼻烟、茶、咖啡、大米、胡椒、面粉、苹果和苹果酒[14]。这可能是因为当时这些食物被认为属于奢侈品。

本书将聚焦于反思巧克力在各个领域的颇有争议的历史。巧克力在其中有些领域是不经意中变成邪恶的帮凶，比如 19 世纪末在英国全国范围内建立的巧克力屋（Cocoa Rooms），其本来目的是遏制社会上的酒精危害，或是巧克力在极端困苦时所引发的问题。然而，其他领域，比如 18世纪淫秽巧克力屋的兴起，以及过度开垦可可种植园带来的可怕后果，都让巧克力成了罪恶和堕落的核心。

随着欧洲人不断改进巧克力生产以迎合人们的口味——添加糖、加热和研磨固体可可豆使其更顺滑和更少苦涩，或是将可可制作成固体巧克力棒，最终演变为巧克力布丁和甜点，世界对巧克力的依赖不可避免地增加了。

实际上，最早将巧克力用于烹饪领域的例子可以追溯到 1723 年，当时约翰·诺特在他的《厨师与糖果师词典》中发表了一份"巧克力饼干"的食谱：

巧克力饼干食谱

将一些巧克力刮在蛋清上，使其具有巧克力的味道和颜色，再与粉状糖混合，直到变成柔软的糊状。然后按照你喜欢的形状将做好的饼干放在纸上，并将其放入烤箱中，用小火同时从上方和下方烘烤。[15]

随着对巧克力需求的增加，包括滥用童工和富裕国家对其海外领地进行盘剥在内的奴隶制变得更加严重。

由于地球上的可可资源不断枯竭，科学家们与主要巧克力制造商合作，开始研究可可树的基因特性，希望能够创造出某种基因改造的可可复制品，既能抵御疾病，又能降低对环境的影响。这样做的后果是可怕的——基因改造带来的令人生畏的后果与永远失去我们所熟知的巧克力相比，可能足以单独写一本书。尽管找到解决方案以保护巧克力的未来至关重要，但同样重要的是消除使用童工等不道德行为，以及保护环境的完整性和可持续性。

本书的确包含了一些令人震惊的内容，但在将巧克力食谱与可怕的堕落事例联系起来时，我有意识地尽量避免淡化或夸大故事本身的重要性，相反，我试图强调叙述历史和介绍食谱之间的平衡。

我希望在读完本书后，您能对巧克力对世界的惊人历史贡献有更广泛的了解，同时也能关注到其中一些不为人知的阴暗面。一个没有巧克力的世界似乎是难以想象的，但即将到来的变化对巧克力产业的未来影响也是至关重要的。

在烹饪中使用巧克力的早期食谱相对较少，通常仅限于巧克力奶油"饼干"或泡芙。1737年，里德（T. Reed/Read）在《主妇的全部职责》

（*The Whole Duty of a Women*）中收集整理了一本食谱汇编，但显然都是由他人撰写的。在 18 世纪和 19 世纪，食谱的抄袭现象十分普遍，许多作者只是简单地将整本书重写，并署上自己的名字，这时就很难分辨该食谱到底是谁撰写的。里德的书在书前列出了所有的撰写者名单，这是不同寻常的。下面这个巧克力挞的食谱是一个很好的例子，显示了巧克力在早期欧洲社会中是如何被纳入烹饪中，从而超越了饮用的范畴。

巧克力挞食谱

取 2 勺米粉，加入适量盐，加上 4 个蛋黄和少许牛奶，将所有材料混合在一起，但不要使其凝结。然后将一些巧克力磨碎，等奶油煮沸后，把巧克力充分混合其中，并让它冷却。用上等细面粉制作挞皮，倒入巧克力奶油混合物，并烘烤，烤好后，用热铁铲在表面撒上粉状糖，即可上菜。

第 1 章

杀人越货、奴役与欺骗：
巧克力最黑暗的一面

在历史上，像情圣卡萨诺瓦（见前注）和杜巴里夫人（Madame du Barry）（译注：生于1743年，卒于1793年，是法国国王路易十五的最后一位首席王室情妇，也是恐怖统治时期最著名的受害者之一）这样的人物是借助巧克力来迷惑他们的伴侣，而早期的墨西哥社会则依赖巧克力的致幻特性，这一点已在古代洞穴壁画中找到了证据。

从在巧克力中下毒，到令人发指的奴隶制度和海盗行径，历史记载中充斥着将巧克力与各种肮脏行径以及巧克力贸易和消费中的污秽故事联系在一起的证据。

巧克力还是许多悲剧和危险勾当的核心，就像古代阿兹特克人自巧克力被运离他们的海岸起，就将其诅咒那样。

巧克力贸易与奴隶制度

东印度公司（East India Company）是由一群商人于 1600 年获得伊丽莎白一世女王的皇家特许而成立的，后来发展成为一个完整的海军系统，指挥军队并控制了国家政治，管理从"东印度群岛"到英国的所有贸易活动，直到 1833 年。英国在西印度群岛的殖民地管理方式与此有很大不同。英帝国的第一个殖民地是北美的弗吉尼亚和西印度群岛的巴巴多斯。从 17 世纪初开始，非洲奴隶被运到这些殖民地从事种植园的劳作。这种贸易在 18 世纪后期增加了，当时奴隶也被运往西班牙所属的南美洲。据估计，在 200 年的时间里，大约有 1200 万非洲人被捕获并运往美洲。牙买加早期被英国指定种植可可，而使英国继棉花、糖和备受追捧的天然蓝色染料靛蓝后持续获得利润。

到了 1688 年，荷兰人大量进口从由西班牙控制的西印度群岛生产的可可，这使得可可在英国的价格大幅上涨。此时英国获取牙买加生产的可可变得日渐困难，而且英国与西班牙的贸易关系仍然比较紧张。[1] 巴西的巴伊亚州也是 17 世纪种植小规模实验性可可园的地点，这些可可园逐渐扩建，并成为世界上最重要的可可产区之一。

南海公司（译注：是 1711 年成立的对南美和太平洋诸岛进行贸易的英国公司，从政府获得了一系列的特权和垄断权，独占英国队西班牙所属美洲殖民地的贸易，1720 年破产，1750 年后停止与西属美洲的贸易，直至 1856 年一直作为一家金融机构存在）从 1711 年开始获得与南海群岛和南美洲岛屿进行贸易的垄断权。据记载，从 1727 年到 1739 年期间，估计有 5000 名奴隶被贩运到包括波多贝罗、巴拿马、卡塔赫纳、哈瓦那、危地马拉和其他西班牙所属美洲港口。

法国在非洲的奴隶贸易在 1783 年至 1792 年间达到巅峰，仅 1785 年就有估值 1.6 亿里弗的可可、糖、咖啡和棉花涌入法国。[2]到了 20 世纪初，非洲最古老的殖民城市之一圣多美及普林西比岛成为仅次于厄瓜多尔和巴西的世界第三大可可出口国。尽管奴隶制度已经废除了大约半个世纪，但一些地区仍然使用奴隶来收割可可果实。[3]

到 18 世纪，世界对巧克力像着了魔，各国为了控制其生产和分销而互相竞争，不惜付出生命的代价。无数货运船只被西班牙拦截并抢劫了承载的可可豆。以下是普莱恩（Pulleine）总督写给英国贸易和殖民地事务委员会的一封信，提到了其中一个例子：

> 西班牙人从北海的几个港口派遣武装小船，指挥他们扣押所有的英国船只，不论船上是携带西班牙货币（即使只值十个八个银币），还是盐、可可或皮革。因此，任何在这一地区港口间进行贸易的船只，只要西班牙人能够制服它们，它们必定成为西班牙人的战利品，因为这些船只通常总会携带货币、盐、可可或皮革中的一种。自和平时代以来，这个岛上已经有三艘船被这样抢劫，人们甚至担心如果贵爵们不通过我们在西班牙宫廷的大使向西班牙寻求赔偿，情况会更加糟糕，而且他们会变本加厉，因为我们不知道如何对付这些在刚刚缔结和平协议就每天都在抓捕我们的人的家伙，我们原以为情况会更好一些。我恳请贵爵们在这个问题上能给我一些鼓舞人心的消息，以使这个可怜的岛屿不至于灰心丧气，因为这里的人们对此感到极度恐慌。关于附件里的问题，请参阅其他未提交投诉的事项，我每天都期望能从他们那里得到回复。我也听说其他殖民地的一些船只也被抓扣了，但那不属我管辖，所以我就此不再多说了。如果不立即采取措施，恐怕贵

爵们将经常遭受此类事情的骚扰，也会给陛下的臣民们带来巨大的困扰。签名：亨利·普莱恩。1713 年 2 月 22 日收到，23 日阅读。附件 2 页。[4]

以下是 1671 年水手乔治·格雷夫斯（George Graves）的口供，也证实了当时西班牙的掠夺行为。

他曾是去年 12 月在西印度群岛的加勒比海卡塔赫纳抓获的囚犯，他在那里见过并登上了托马斯和理查德号船，并与船长、水手长和其他船员交谈，他们告诉他，该船装载着可可、糖、象牙、黄金和其他各种货物，还有从牙买加前往伦敦的一些乘客。该船去年 9 月在纬度 29° 30'，距离佛罗里达海湾边三天航程的位置被一艘西班牙船劫持，并被带到那里作为战利品。船上的船长和其他人在那里被关押，成为囚犯和奴隶。他在去年 3 月底逃脱时，他们仍然被囚禁在那里。当他逃脱时，还有几个英国人在那里被当作奴隶，并受到非常野蛮的对待，整天被迫与国王的奴隶一起带着铁链工作，晚上被关进监狱，每天只有一半皇家津贴。其中两个人告诉他，他们在那里做奴隶已经有 5 年了。在去年 2 月左右，当传来英国和西班牙之间达成和平协议的消息时，一些在那里被迫为奴的英国人去找总督寻求自由，并请求解除他们的枷锁，但总督却回答说：'你们这些狗和蠢货，去继续干活吧。'于是，总督身旁的一个西班牙人拔出利剑，在其中一个英国人的头上砍了一两刀。[5]

即使在所谓的废奴运动之后，咖啡和可可的生产仍在增加，奴隶劳动力的进出口也随之在增加。在 20 世纪初，亨利·内文森（Henry Nevinson）写了一本具有谴责性的新书，陈述了尽管奴隶制度已经废除，但奴隶劳动仍在继续的事实。他讲述了自己在一个由葡萄牙人于 15 世纪因种植甘蔗而建立的非洲最古老的殖民城市——圣多美的经历。

　　到了 1909 年，圣多美与邻国安哥拉和普林西比一起，被认定为大规模实施强迫劳动的地区。个体农民被列为"服务者"（servicaes）（签署文件同意自愿工作一定年限的人）——正如内文森所写的"像羊走向屠夫的自愿"——从安哥拉被带到圣多美和普林西比的岛屿上工作，这在当时成为世界上最主要的可可来源地。在 20 世纪初，吉百利公司至少 50% 的可可来自这里。据估计，至少有 6.7 万名"服务者"在 1888 年至 1908 年之间被运送到那里。[6] 美国人和英国人在这个时期从该地区的廉价巧克力和可可中牟取了暴利。

　　这些岛屿曾以其咖啡产量而闻名，但在 1891 年至 1901 年期间咖啡贸易量大幅下降，而可可贸易却蓬勃发展，从 3597 吨增加到同期的 14914 吨[7]。内文森于 1906 年描述的一个位于距离圣多美港口约 6 英里的可可种植园的情况令人非常不安。该种植园主的房子里还有单独的建筑，供监工或"工头"（gangers）居住，还有供家庭奴隶和可能被胁迫的性奴居住的地方。对面则是为种植园工人准备的奴隶宿舍。这是一排长棚，有些高达两层，像军营一样排列。有些住处是孤立的，而有些则像马厩一样被隔离开来。其他建筑用于存放可可和工作设备，而一个大谷仓用作奴隶的厨房。每个家庭在这里都有自己的空间来生火做饭。院子的另一端是一个医务室，中央铺设的是用于晾干可可豆的大平底锅。在这里，奴隶们每周两三次聚集在一起，领取粮食或干鱼。下午 6 点，负责喂养牛和马的人会带来大捆草料。在每个星期天的这个时间，奴隶们会被"款待"一小杯酒，成年人还可能得到烟叶，周围站着手持鞭子或长棍的吓人的监工和咆哮的狗。食物的分发都在悄无声息中进行，大家排成一队绕圈移动，令人想起军事操练。

工钱每月一结。男性的最低工资被固定在不到 10 先令，女性的工资则要少得多。[8] 在 1910 年，这相当于 39 英镑的购买力，或者是一个熟练工人的平均日薪。这笔钱只能在种植园的商店里花，这意味着任何利润都直接回到了种植园主的口袋。内文森与一位受访的医生交谈时，后者确认在其中一个种植园，每年的奴隶死亡率在 12% 到 14% 之间。在圣多美做可可种植园奴隶三四年在当时甚至被视为一种成就。当时儿童的死亡率也很高，每年有四分之一的儿童死亡，这使得奴隶的价格很高。[9] 由于内文森的观察报道，以及英国废奴运动所引发的大量负面新闻，直接导致葡萄牙于 1909 年暂停了所有向这些岛屿运送"服务者"的行径。之后的几年，葡萄牙进行了复杂的立法工作，试图改革葡萄牙政府对奴隶和强迫劳动的态度。[10]

但奴隶制和可可加工的问题远远超过任何立法能够改革的范围，它根植于可可生产的文化之中。由于种植园经常位于偏远地区，脆弱的当地人民成为被剥削的牺牲品，而土地则被犯罪、贿赂和腐败所控制。

如今，象牙海岸生产的可可占世界总产量的三分之一，2002 年进行的一项研究显示，在加纳、尼日利亚、喀麦隆和象牙海岸的可可农场中，仍有超过 28.4 万名儿童被迫当作奴隶工作。[11]

巧克力海盗和私掠者

海盗或私掠者（被授权的海盗）经常劫掠运载可可的船只。1746 年，圣基茨（St. Kitts）的海盗船长福勒（Fowler）在加拉加斯沿海击败了一艘法国桅杆横帆船，船上的货物主要是可可。[12]

英国探险家和海盗托马斯·卡文迪什爵士（Sir Thomas Cavendish），像弗朗西斯·德雷克一样，经常袭击西班牙城镇和船只。1586 年，他攻占了墨西哥瓜图尔科这个毫无防御能力的港口，那里有几百名居民和良好的当地贸易网络。卡文迪什和他的船员到达后，劫掠了港口停泊的一艘载重 50 吨的船，船上装满了可可。该地被描述为 "有一百间树枝搭建的篱笆屋、一座教堂和一座装满可可和靛蓝的大型海关楼"。卡文迪什和他的手下焚烧了整个城镇，并拆毁了教堂。剩下的居民都逃进丛林中寻求安全，他们的下落至今无人知晓。[13]

弗朗索瓦·洛隆内（François L'Olonnais）或让－达维德·诺（Jean-David Nau）是 17 世纪在加勒比海地区活动的法国海盗，其声誉就像噩梦一样可怕。他强奸、劫掠、折磨、活活烧死人，甚至活生生地把受害者的眼睛挖出来。甚至有一次他取下一个人的心脏，当着手下的面吃掉。他在墨西哥海岸附近进行了一场嗜血的狂欢，并摧毁了数不胜数的城镇，以至于哈瓦那总督派出一队士兵来保护当地社区免受他的暴行。洛隆内将所有的士兵斩首，只把其中一人送回哈瓦那，去传达了他永远不会被吓倒的信息。就在这起事件不久之后，洛隆内洗劫了委内瑞拉的马拉开波市，并在途中袭击了一艘满载可可的西班牙大帆船。在马拉开波，他无情地折磨当地市民，直到他们交出所有珍贵的财物。[14]

加勒比海的海盗和私掠者对早期殖民种植园主造成了持续的困扰。特立尼达岛在 1594 年至 1674 年间至少遭受了 5 次重大海盗袭击。1716 年，海盗 "黑胡子船长"（Blackbeard）又名爱德华·撒奇（Edward Thatch/Teach）船长，劫掠了一艘装满可可、驶往加的斯的巨轮，然后将其放火焚烧。[15]两年后，"黑胡子船长"的船员在百慕大附近捕获了两艘运载可可的法国船只，并宣称其中一艘是被遗弃的船，从而使"黑胡子船长"合法地取得了其货物。与洛隆内不同，"黑胡子船长"被认为只是虚张声势，实际上他并不喜欢暴力，他主要依靠自己可怕的外表来恐吓敌人，从而建立了自己传奇般可怕的声誉。

威廉·基德（William Kidd）是在伦敦被处决的最臭名昭著的海盗。罗伯特·卡利福德（Robert Culliford）和威廉·梅森（William Mason）背叛并窃取了基德的船只"祝福威廉号"（Blessed William），基德被困在安提瓜的岸上。夺船后，威廉·梅森袭击并抢劫了几艘西班牙船只，然后决定进攻西班牙的班基亚岛。他们登陆后，将男人、女人和孩子们围起来，索要金钱和财物，然后放火焚烧了他们的房屋，迫使他们屈从，并最终威胁当地人交出了价值两千枚金币（约 2000 西班牙比索）的可可豆和糖果。[16]

巧克力海盗威廉·休斯（William Hughes）在 1672 年写作了《美国医生》（The American Physitian）一书。作为一名英国植物学家，休斯在 17 世纪 40 年代乘坐一艘海盗船环绕加勒比海航行，前往新大陆。他记录了自己的旅行经历，尤其是记录了制糖业和可可业。他详细描述了可可这一植物，并观察了每年一月和五月两次的收获过程。他确认，不同品种的可可和巧克力的独特品质取决于树木、种植国家和气候。休斯主要专注于牙买加的种植园，并声称与墨西哥可可相比，牙买加的可可豆品质更好。休斯在书中介绍了一种制作巧克力的方法，因为他多次目睹了这个过程：

> 他们将晒干和烘干好的可可豆放入一个适当的容器中，通过温和的热源，如阳光或其他适度的人工加热，去除外皮或脆皮，然后在石

磨中将其碾碎成极小的颗粒，形成一种类似杏仁酱的糊状物，因其天然产生的油脂而几乎可以单独使用（或者至少添加一个鸡蛋和少量玉米面），制成块状、卷状、饼状、球状、菱形状等，或者放入生产商所需大小的盒子中，然后放在阴凉处（因为阳光会使其融化）干净而光滑的木板上，底下放一片叶子或一些白纸，不久后它就会变硬。这样的保存方法可以保存两周、一个月、一个季度或半年，甚至可以在需要时保存整整一年，以满足日常使用的需要。

休斯还记录了可可的其他制备方法，并列举了一些可可的药用价值，包括添加藏红花来治疗腹泻等病症，或者添加杏仁、糖或丁香以缓解胃肠不适。他还建议饮用热腾腾的巧克力来缓解"脓疱、肿瘤或肿胀"，这都是普通水手常见的疾病。[17]

巧克力与谋杀、灾祸

几个世纪以来，巧克力一直被作为谋杀、引诱和欺骗的手段。有许多经过改编的故事，比如 17 世纪的墨西哥主教与他所在堂区的妇女们发生争执后，剥夺了她们在礼拜期间饮用巧克力的权利，她们为了报复主教，在其巧克力里下毒害死了他。近年来，法国人吉斯兰·博蒙特（Ghislain Beaument）被判谋杀父母，他在父母亲的巧克力慕斯中放入杀虫剂，然后看着他们在餐桌上死去。这是博蒙特因为父母拒绝让他离家结婚而采取的行动，他当时已经 45 岁。[18] 还有一个故事是，2002 年费城的一名叫尤尼·科顿（Yoni Cordon）的糖果师的尸体被发现浸泡在一个装有 1200 加仑液态巧克力的大桶中，他可能是在靠近巧克力搅拌机开口处的平台上工作时滑倒并掉进搅拌机里，但当时并没有目击者。[19]

还有许多不太为人所知的古老故事，包括 1890 年伯明翰的一名工人由于对巧克力糖的极度喜爱，导致他的悲剧死亡。验尸官确定他的胃被炎症严重腐蚀，可能是由于长时间食用了用不卫生的铜制模具制作的巧克力所造成的。[20] 而在苏格兰的巴基，在 1898 年，港口总监梅尔维尔（Melville）船长的女儿 C·梅尔维尔小姐在深夜收到了一盒巧克力，她与母亲共享了该巧克力之后，母亲立即开始呕吐，并在大约 1 小时后不幸去世。[21]

被下了毒的巧克力一直是历史上最常见的谋杀手段之一。1913 年，在美国新泽西州的大西洋城，有人目击到一个男子行为异常，而他身边有一盒打开的巧克力放在人行道上。目击者说他看起来很“兴奋”，后来慌张地逃跑了。附近的孩子们从房子里出来险些误食了地上的巧克力，但被佣人及时阻止。警察赶到后发现，巧克力中被加入了足以致死两个成年人的二氯化汞。[22] 在 20 世纪初的美国，最令人悲哀的巧克力谋杀案之一可能是发生在 1911 年，当时一个 5 岁男孩的冰冷尸体在纽约郊外的沼泽地里被发现。他的嘴周围有酸性烧伤，尸体下面有一个空药瓶，附近还找到一块巧克力棒。警方推断这个男孩是被以巧克力作为诱饵诱拐离开家，然后被人强行灌下毒药。这个孩子穿着非常昂贵的衣服，有人怀疑他是来自外地的绑架阴谋的一部分，结果在作案途中出了差错。[23]

1925 年 9 月 8 日，英国格洛斯特郡新婚的阿格尼丝·普莱斯（Agnes Price）小姐通过邮寄收到一盒巧克力，上面简单写着“来自哈里”的字样。由于普莱斯认识一个名叫哈里的人，因此没有产生怀疑，她咬了一口巧克力，立刻尝到了重重的苦味，马上吐了出来。她的丈夫史密斯先生切开一颗巧克力，发现里面有一种蓝色物质，后来被鉴定为的士宁（译注：又名番木鳖碱、马钱子碱，是从马钱子中提取的一种生物碱，毒性较大，可致人死亡）。事后证实，在与普莱斯结婚之前，史密斯与一位名叫安妮·达文波特（Annie Davenport）的女士有过一段关系，据说她怀孕后出于嫉妒之情向普莱斯小姐送去了毒巧克力。[24]

1920 年，英国东约克郡的一位农民托马斯·利德尔（Thomas Liddle）被指控通过邮寄毒巧克力企图谋杀 9 个不同的人。这 9 名受害者都是利德尔的姐姐安妮·霍姆斯（Annie Holmes）遗嘱中的受益人。[25]他后来被判处了 10 年苦役。

克里斯蒂娜·埃德蒙兹（Christina Edmunds）被称为"巧克力奶油杀手"，于 1871 年 12 月在布莱顿被判犯有三项故意投毒谋杀罪和一项实际谋杀儿童罪。[26]在伦敦中央刑事法庭的审判中，她被宣判为精神失常，并被送往布罗德穆尔精神病院。她当时 34 岁，无业。埃德蒙兹曾在许多巧克力奶油中加入的士宁，她从糖果商约翰·梅纳德（John Maynard）那里购买巧克力，在其中下毒后再退货回去，然后通过梅纳德将有毒的巧克力卖给布莱顿各处的居民。

朱尔斯·古菲（Jules Gouffe）是一位著名的法国厨师，也是英国维多利亚女王的糕点师阿尔方斯·古菲（Alphonse Gouffe）的兄弟。他的巧克力奶油食谱在英国社会的受教育人士中被广泛阅读。

巧克力奶油食谱

将 1/4 磅糖和 1 根香草放入锅中煮沸，当糖浆温度达到 40℃时，加入 2 汤匙鲜奶油，再将整个混合物倒入一个盆中。待稍凉后取出香草，用木勺搅拌，直到形成糊状，然后将其分成小块的分量。在糖锅中融化一些巧克力，加入足量 20℃的糖浆，使其变得浓稠，类似很稠的粥状。将每个奶油球浸入巧克力中，用叉子取出，放在盘子上冷却；然后将其放在筛子上晾干。

> 注意：这些巧克力奶油也可以用添加咖啡焦糖、樱桃白兰地、开心果等香料来代替香草。[27]

● ● ●

麦德琳·史密斯（Madeleine Smith），21 岁，来自英国格拉斯哥一个体面的中上层家庭，是 19 世纪最引人注目的女性罪犯之一。她被指控毒死了她社会地位较低的情人皮埃尔·埃米尔·拉安吉利埃（Pierre Emile L'Angelier），目的是追求更有经济优势的伴侣。正是两位情人之间的大量信件交流，使得麦德琳·史密斯以及她的恶名得以受到公众的审判。当时的公众对她在给拉安吉利埃的信里关于他们婚前性行为的直率描写内容感到震惊。

1857 年，麦德琳·史密斯站在被告席上

1855 年一个周三的早晨，大约凌晨 5 时，她从赫伦斯堡写的信里说：

　　谢谢你，我的爱人，为了见我这个咪咪（Mimi）（史密斯的爱称）
而远道而来。见到我的埃米尔真是太开心了。如果我们昨晚做错了什
么，那一定是因为爱情冲动的缘故。我想我们应该等到我们结婚才对。

　　是的，心爱的人，我真的用我的灵魂深爱着你。我很幸福。和你
在一起是一种快乐。哦，如果我们能永远不再分开就好了。但我们必
须盼望那一天会到来。昨晚我的行为可能很愚蠢，但每当我看到你，
一切都从我的脑海中消失，亲爱的……告诉我，宝贝，你因为我允许
你做了什么而生我的气吗？我做得很不好吗？我会永远记得昨晚。[28]

麦德琳·史密斯来自一个富裕的家庭，她们一家在格拉斯哥的市区别
墅和乡间度假胜地"罗威林"（Rowaleyn）之间来回居住。她爱上了一个
收入微薄的泽西岛办事员，比她年长 10 岁、最初欺骗她说自己是法国贵
族的皮埃尔·埃米尔·拉安吉利埃。虽然遭到家人的反对，但麦德琳继续
秘密地与情人约会。晚上他会在房子外等候，而麦德琳会给他送来杯装可
可。两人在大约一年的时间里有大量书信往来，直到她遇到了比利·米诺
奇（Billy Minnoch），一个与她家族社交圈子相同且得到她父亲认可的富
有单身汉。之后不久，麦德琳决定疏远与拉安吉利埃的关系。她与米诺奇
订婚，并写信给她的旧情人，告诉他她不再需要他的关爱，并要求他归还
她所有的信件。拉安吉利埃开始以这些信件作为威胁手段勒索麦德琳。之
后不久，拉安吉利埃开始再次与麦德琳约会见面，但他逐渐开始变得病恹
恹的。他的密友玛丽·阿尔图·佩里（Mary Arthur Perry）在法庭上作
证说，在与麦德琳多次一起喝咖啡和巧克力后，拉安吉利埃一直感到不

适，说："我不知道为什么从她那里拿到咖啡和巧克力后我会感到如此不舒服。"[29] 与此同时，麦德琳忙于从附近的一个药剂师那里购买砒霜，她解释说是用于种花。到 1857 年 3 月，拉安吉利埃死亡，警方在他的口袋里发现了一封麦德琳的信。不久之后，验尸证实拉安吉利埃的尸体含有致命剂量的砷。于是，麦德琳被逮捕，并在爱丁堡接受了谋杀审判。当提到用巧克力掩盖砒霜的问题时，格拉斯哥大学的化学教授弗雷德里克·彭尼（Frederick Penny）被传唤作证。他表示：

> 可可或咖啡是一种可以容纳大剂量砒霜的载体，在引起怀疑与实际被发现之间存在很大的区别。我通过实际实验发现，当将三四十粒砒霜放入一杯热巧克力中时，大部分砒霜会沉淀在杯底。我认为，如果一个人喝下这样有毒的巧克力时口中会有颗粒感，因而他可能会怀疑到了什么。但如果将相同数量甚至更大数量的砒霜与巧克力一起煮沸，而不仅仅是搅拌或混合，那么砒霜就不会沉淀下来，因此可以被一口吞下。[30]

令人惊讶的是，麦德琳·史密斯被宣告无罪，原因是没有足够的确凿证据表明在拉安吉利埃去世前的几周里她和他曾在公共场合被目击在一起。这个案件已成为英国历史上最著名的犯罪故事之一。尽管她的未婚夫米诺奇在整个审判期间一直试图支持她的清白，麦德琳·史密斯还是离开了苏格兰和米诺奇。她后来两次结婚，首先与艺术家乔治·J.沃德尔（George J. Wardle）结婚，他们一起度过了很多年。她的身份和犯罪背景在很大程度上未被任何人察觉。晚年她搬到纽约再婚，后又回到英国，在92岁时去世。

1919 年，作家索默塞特·毛姆（Somerset Maugham）的日记中曾提到了麦德琳·史密斯，那时她的姓氏应该是沃德尔（Wardle）。那是在 1907 年，她应该已经 72 岁了。日记中记载着：

> 舞台剧演员 H.B. 欧文前往乡间度假，他的隔壁邻居是一位非常安静、古板的老太太。与她熟识后，他逐渐将她与一个在 50 年前引起世界轰动的著名谋杀案的女主角联系在一起。她曾受审并被判无罪，但证据确凿，尽管判决结果是无罪，但民众普遍认为她实际上确实犯了罪。她察觉他已经发现了自己的身份，就质问他，并随后对他说："我猜你想知道我是否犯了那个罪，我犯了，而且更重要的是，如果一切都要再次发生，我还会再次那么做。"

这个故事直到麦德琳去世后才被出版出来，毛姆承认，被提到的女人确实是麦德琳·史密斯。[31]

以下是一份热巧克力的食谱，出版于拉安吉利埃去世的同一年，也许这就是麦德琳用来毒害他的食谱：

热巧克力食谱（法国配方）

　　1 盎司的巧克力，如果是上好的巧克力，将足够一人食用。将巧克力磨成粉末，然后加大约 4 汤匙水，煮沸 5 ~ 10 分钟。当巧克力变得非常嫩滑时，加入差不多 1 品脱新鲜牛奶，再次煮沸，搅拌均匀或用搅拌器搅拌，即可直接上桌。

　　制作水巧克力饮料时，可用 2/3 品脱的水代替牛奶，并将浓热奶油一起上桌。根据口味决定是要制作较浓还是较稀的巧克力饮料。[32]

在英国，从 19 世纪开始，有数以百计的案例表明，人们通过下了毒的巧克力来使某些人保持沉默、产生恐惧或完全消失。这种情况不仅在英国发生。在 18 世纪，土耳其罗得岛的帕夏（Pasha）曾计划通过向供给骑士团成员常喝的咖啡和巧克力的水源下毒，来杀害马耳他骑士团。[33]

●●●

也许 17 世纪发生在罗马的大规模投毒案是其中最离奇的一起。许多女性在忏悔时承认以这种方式杀害了自己的丈夫，并向当时的天主教神职人员报告。根据教会神圣的保密原则，他们从未透露过任何死者的姓名，但当女性突然无故离开丈夫开始独自生活的人数异常增多时，这个问题变得引人注目。在 17 世纪的罗马，寡妇成了司空见惯的人。

教皇当局于是展开了一项调查，发现了一群年轻女性定期在一位著名的巫师和算命师希罗尼玛·斯帕拉（Hieronyma Spara）的住处聚会，后者教这些年轻的妻子们投毒的"艺术"。教会机智地将一名女探安插于类似集会当中，她被要求尽可能表现得富有，以赢得这群女性的好感，并向她们讲述了一个关于自己丈夫不忠和家暴的令人信服的故事。在与斯帕拉会面后，这些女性向她出售了一种作用缓慢、透明且无味的毒药。

在曝光了这个团伙之后，当局出手并对她们施以酷刑以逼她们承认犯罪，约有 30 名女性嫌疑犯在街头遭受公开鞭刑，其他人，包括斯帕拉在内，则被绞死，或者如果她们在社会上地位较高，则被驱逐出境。几个月后，更多的女性被鞭打并被赤身拖行穿过街道，随着越来越多的下毒者和团伙成员的曝光，更多的罪犯被施以绞刑。随后，该种毒药的专门供应商也被揭露出来，很多人曾从这个团伙那里购买毒药。这种毒药以小剂量的方式出售，使下毒者可以选择他们希望受害者死亡的时间，比如是几天、

1周、6个月还是更长时间。

在持续进行的调查中，有一个名字一再被提及，那就是朱利娅·托法纳（Giulia Tofana），或者称为"托法尼亚"（Tophania）。如今普遍认为她一共下毒谋杀了600多人，而且在大约20年的时间里一直未被发现。她用标有"巴里的圣尼古拉斯（一位与神奇的精油有关的圣人）的甘露"的小瓶子在意大利兜售散布这种毒药。这种油通常被添加到——你猜对了——巧克力中，或者有时添加到茶或汤中。

托法纳非常聪明，她从不在一个地方居住太长时间，以避免被抓住。她经常改变自己的名字，甚至当那不勒斯总督广泛发起了一场将她揪出来的运动期间选择在修道院避难时，她还一直在继续其邪恶的活动。最终，她在一个修女院里被发现，那里让她免受总督的追捕。总督忍无可忍，派军队逮捕了她。此举引起一场漫长的神职人员内部争议和辩论，总督因此受到了被逐出教会的威胁，加之公众对杀手的同情支持激增，妨碍了对她的抓捕。总督不得不谨慎地安插人员在当地人中散布一个关于托法纳计划毒害百姓和在城里泉水中下毒的故事。这很快改变了公众舆论，托法纳被迅速逮捕，并饱受酷刑，最终被绞死，她的尸体最后被扔进曾经庇护过她的修女院的花园里。[34] 据了解，她的一些同伙在活着的情况下被砌进地牢里。

这个引人入胜的故事在我脑海里引发了许多解不开的谜团，比如17世纪意大利男性的不忠行为，以及这些男性何以对他们的妻子显得如此冷酷无情，以至于可以视她们为可以随意抛弃的东西。意大利妇女是否受到如此压迫？当时许多婚姻可能是事先安排好的，使妇女没有逃脱不幸命运的选择。到底是什么样的愤怒或不公驱使托法纳走上如此极端的犯罪道路？还是说这只是在经济困难时期谋求生计的一种方式？她到底更像是精神病患者，还是复仇天使？我们知道她的母亲曾因谋杀丈夫而被处决，这为整个故事提供了一些缘由线索。我也不禁对中世纪晚期意大利教士的花招感到惊叹，他们具备了中央情报局的机敏和粪甲虫般的坚韧。

当我进行研究时，我常常这样说——毫无疑问，这是一个值得拍成电影的故事。

●●●

在 17 世纪的法国，也发生了一个以报复、仇恨和贪婪为动机的扭曲故事。圣克鲁瓦的戈丁（Godin）船长（也被称为圣克鲁瓦骑士）对曾经监禁过他的贵族家族达布雷家族寻求报复。圣克鲁瓦骑士也被贪婪所驱使，生活中大手大脚，花销远远超出自己的能力范围。布兰维利耶女侯爵玛丽－玛德琳·达布雷（Marie-Madeleine d'Aubray），与她的情人圣克鲁瓦骑士共谋杀害自己家族的 3 个成员。经过谋划，他们决定由他制造毒药，由她负责下毒。

起初，玛丽－玛德琳练习给狗、兔子和鸟下毒，然后将练习转向医院，在病人的汤中下毒以致其生病或导致老人中毒。当她准备执行杀害父亲和两个兄弟的行动时，她首先给父亲进食的巧克力下了毒，他立即生了病，不久就死去了。由于某种原因，她并没有亲手杀害兄弟们，而是在之后不到 6 周的时间里，聘请第三方解决了他们。

这个故事有一个最后的转折，我简要叙述一下。圣克鲁瓦骑士在实验室中颇具讽刺意味地死于有毒气体中毒，而毒气来自他正在混合的毒药。当局还找到了一个盒子，他特别留下指示，要在他死后将盒子交给玛丽－玛德琳。盒子里面有足够证明圣克鲁瓦骑士的情人有罪的证据，足以将她逮捕。玛德琳之后逃到英国，在那里逗留了 3 年，然后在 1676 年重新进入法国。她在一个修道院里寻求庇护，但当局派出了一名密探，伪装成一名神父和祝福的朋友。在被奉承话激励之下，她同意再次在修道院外与该神父见面，但迎接她的并不是一个迷人的新仰慕者，而是准备对她实施抓捕的执法人员。

玛丽－玛德琳·达布雷，布兰维利耶女侯爵，于 1676 年被监禁后，由查尔斯·勒布朗（Charles Le Brun）为她绘制的肖像

经过漫长的审判，所有真相都被揭露出来。她被判处手中拿着燃烧的火炬，脖子上套着绳索，用一辆牛车赤脚拖行。她在众目睽睽之下被

从巴黎圣母院外拖行到格雷夫广场，在那里她被斩首并最终被焚烧，她的骨灰随风飘散。[35]玛丽-玛德琳使用的毒药是"托法纳仙液"（Aqua Tofana），这是朱利娅·托法纳（Giulia Tophania）的传奇配方，而圣克鲁瓦骑士在他的实验室重新实现了这种配方。

●●●

事实上，并不仅仅是下了毒的巧克力有能力造成痛苦。1926年，一家柏林糖果公司为宣传产品从飞机上投掷巧克力"炸弹"，导致地上的围观群众伤痕累累，他们不得不停止这项宣传活动。那些"炸弹"是"包裹在锡箔纸中的硬巧克力"。[36]历史上还有一些人出于各种目的，用巧克力下药。例如，1911年从罗尔斯顿前往德比的一名乘客在头等舱中收到了一块巧克力，拿到巧克力后他很快就失去了意识，醒来后发现自己的钱被偷走了。[37]1918年，在伦敦的公共汽车和有轨电车上发生了一系列案件，女售票员被一名乘客赠予的下了药的巧克力毒害，尽管警方没有发现明确的动机。[38]1986年，警方破获了一起针对儿童的带有药物的巧克力犯罪团伙。在布里斯托尔的一家工厂中，他们查获了含有大麻的巧克力棒，外观与标准的吉百利牛奶巧克力棒十分相似。[39]

六氯酚（Dial）是一种苯二氮䓬类药物，通常用于帮助缓解焦虑。1935年，当发现自己怀孕后，安妮·汤姆林森（Annie Tomlinson）小姐从她的好朋友威廉·迪金（William Deakin）那里拿到了这种可以帮助她引发流产的药物。他向她保证，无论他送给她什么，都会伪装成巧克力的形式。后来，他送给她一个白色纸袋，里面装有稍微压碎后重新包装，并加了流产药的巧克力。像一般巧克力一样，这块巧克力尝起来也有些微苦，安妮吃了后，回到家就晕倒了，等她醒来时已经是在医院里。后来她被告知迪金也被送到了同一家医院，但他已开枪自尽了。

这是一个漏洞百出却没有太多解释的非常引人入胜的案子。验尸官宣布迪金是在服用六氯酚的影响下自杀的，而该药也被放入安妮巧克力中以引发流产。那么为什么迪金也会使用六氯酚呢？这个问题仍然令人困惑，因为没有医学证据表明六氯酚有引发流产的功效。而他为什么要自己服用这种药物呢？他究竟是未出生孩子的疑似生父，还是安妮所说的"好朋友"？[40]

1935 年 1 月 19 日《谢菲尔德独立报》(*Sheffield Independent*) 发表的一篇跟进报道或许对这个谜团提供了一些答案。报道称，威廉·迪金在服药自杀前留下了一封遗书，其中谈到了他深爱着一个名叫贝蒂(Betty) 的女子，而并不爱安妮。他还提到了他对安妮的"怀疑"。报道还证实，警察在安妮被怀疑中毒后立即去见了迪金，他否认自己是孩子的生父，并在此后仅仅几个小时就开枪自尽了。

这些加了药的糖果是巧克力夹心糖，是那时最受欢迎的品种，内部是丝滑的夹心，外面包裹着巧克力。这些巧克力被切成两半，加入了六氯酚颗粒，然后重新组装。迪金是不是未出生孩子的生父并未被证实，或者他是出于对误杀安妮的恐惧而自杀，因为他知道安妮正在医院里。也许他仍然为婚约的破裂而感到悲伤，抑或他的意图本就是谋杀安妮。这些事情我们永远不会知道了，但这却是巧克力与人类悲剧之间许多邪恶关联的又一个例子。

•••

有时下毒谋杀也会失败，大概没有比拉斯普京（ Rasputin ）（即"疯狂的修道士"）更好的例子了。拉斯普京是一位持续引发历史学家和文化学者兴趣的人物，也是一个备受争议的神秘人物。他曾被指控行骗，但因治愈沙皇患有血友病的儿子而成功地融入了俄罗斯皇室家庭，并担任皇室神职人员和萨满法师的角色。

拉斯普京在皇宫中所拥有的巨大影响力引起了许多人的鄙视和觊觎，随着对其强奸、欺诈和不当行为的报道日益增多，拉斯普京开始被广泛视为是对帝国的威胁。由费利克斯·尤苏波夫（Felix Yusupov）为首的一群贵族于 1916 年 12 月策划了谋杀拉斯普京的计划。除了尤苏波夫自己的回忆录外，还有许多关于刺杀事件的记载，包括玛丽安娜·埃尔科夫娜·冯·皮斯托尔科尔（Marianna Erlkovna von Pistohlkor）女伯爵的观察：

> 尤苏波夫经常邀请拉斯普京来他家做客。在当天，拉斯普京犹豫了一下，因为早些时候他接到警察的警告说他不应该外出。然而，他最终被说服前往了。当时在场的有大公德米特里·帕夫洛维奇、杜马成员弗拉基米尔·普里舍维奇（右翼政治家，对拉斯普京和沙皇处理事务的方式公开表示批评），一名名叫谢尔盖·苏科廷的军官（一位正在养伤的警卫军官，也是尤苏波夫母亲的朋友），一名医生斯坦尼斯劳斯·德·拉佐维尔特和尤苏波夫本人。他们准备了波尔图酒，一瓶放在边桌上的毒药，还有一瓶未被下毒的酒，以及下了毒的糕点和未被下毒的巧克力蛋糕。[41]

尤苏波夫给拉斯普京准备了被注入氰化物的波尔图酒和蛋糕，这种毒药需要一段时间才能产生效果。凌晨时分，尤苏波夫可能发现毒药还没起作用，于是他上楼从同谋手中取来一把枪，朝拉斯普京的胸部开了枪，这次他倒下了。随后发生了一场复杂的闹剧，其中一名男子穿上长袍伪装成神秘的修道士，让人们误以为拉斯普京那晚已经回家了。

可当他们返回察看拉斯普京时，他奇迹般地跳起来，攻击了尤苏波夫，两人发生了一场追逐战，最后拉斯普京被再次击中，子弹直接穿过额头，将他打死了。

俄式奶油蛋糕食谱

俄式奶油蛋糕（Ptichye Moloko）（译注：是一种俄罗斯人最喜欢的蛋糕），也称鸟奶蛋糕（并非用真正鸟的奶）最初是在 20 世纪 60 年代引入苏联的一种糖果，后来发展成一种蛋糕，由一群糖果师在莫斯科著名的糕点师弗拉基米尔·古拉尼克（Vladimir Guralnik）的指导下开发而成。这种蛋糕因其海绵蛋糕之间细腻且奢华的慕斯层而得名。它非常受欢迎，以至于在黑市经济盛行和基本商品短缺的年代，顾客们为了以高得离谱的价格购买一块蛋糕而在食品店外排队。

该食谱后来被广泛传播，现在在俄罗斯大部分地区以各种不同的形式售卖。蛋糕上覆盖着浓郁的巧克力甘纳许（ganache）糖衣，其名称源于海绵蛋糕之间细腻而奢华的慕斯层。以下食谱对于新手来说可能有一定挑战，但我相信付出的努力一定是值得的。

海绵蛋糕配料：

2 个鸡蛋，100 克糖，100 克普通面粉，1/3 茶匙泡打粉，一小撮盐。

慕斯配料：

20 克明胶，100 毫升牛奶，5 个鸡蛋，100 克糖，150 克黄油，1 汤匙普通面粉。

巧克力甘纳许糖衣配料：

100 克黑巧克力，100 克奶油，50 克黄油。

制作方法：

首先，制作基本的海绵蛋糕：将鸡蛋和糖一起打发至糖完全融化，加入过筛的面粉、盐和泡打粉，小心搅拌均匀。在180℃的烤箱中烘烤约30分钟，完全冷却。然后将海绵蛋糕切成两层，备用。

在开始制作慕斯之前，将明胶用100毫升水浸泡约20分钟，使其充分膨胀。

慕斯由卡仕达奶油和蛋白霜组成，首先制作卡仕达奶油。将蛋黄和糖在一个干净的碗中混合搅拌。倒入牛奶，加入适量的面粉，充分混合。将碗放在热水浴中，用搅拌器不断搅拌奶油，使其煮沸，以防止结块。

当奶油浓稠到足够程度时，从火上取下，稍微冷却一下。同时，将黄油打发几分钟。

当卡仕达奶油还稍微温热时，逐汤匙地加入软化的黄油中，并用低速搅拌器搅拌。

将奶油放入冰箱中20～30分钟，使其变浓稠。

接下来，处理明胶：用小火加热，直到明胶完全溶解。将蛋清和糖打发至变硬发泡并有光泽的程度。

接下来非常重要：将液体明胶小心滴入蛋白霜中，搅拌均匀。

现在你需要抓紧时间行动：提前准备好海绵蛋糕层和烹饪模具。将明胶蛋白霜混合物小心地加入卡仕达奶油中，并用刮刀搅拌均匀——这是制作鸟奶蛋糕的蓬松慕斯基底。

慕斯会很快变稠，所以要掌握好时机。将一层海绵蛋糕放在模具底部，涂抹一半的慕斯，然后放上另一层海绵蛋糕，并用剩下的慕斯覆盖。

制作巧克力甘纳许糖衣：将奶油煮至接近沸腾，离火后加入切碎的黑巧克力。等待几分钟，搅拌混合物直到巧克力溶解，糖衣变得顺滑。加入黄油，最后搅拌均匀。

将巧克力糖衣倒在蛋糕上，并放入冰箱中冷藏。

将蛋糕冷藏至少5小时，最好是过夜。

小心地从烹饪模具中取出鸟奶蛋糕，大功告成。[42]

巧克力与阴谋、蛊惑

研究表明，巧克力可释放出苯乙胺和五羟色胺，食用后可以产生催情和振奋情绪的效果。它还具有激活大脑中的大麻受体的功能，从而使人产生欣快感和敏感度增强。[43] 阿兹特克王国的首领蒙特祖马据说每天要喝50 杯巧克力来满足他的妻妾们，而阿兹特克人和玛雅人则在可可豆收获季节沉迷于仪式性的狂欢活动。[44]

巧克力进入欧洲的初期，它因被认为能够改善情绪而受到了很多负面报道。1624 年，德国的约安·弗兰·劳希（Joan Fran Rauch）写了

由液态巧克力制成的可可膏

一本小册子谴责巧克力的使用，称其为"情感的激发剂"，并建议禁止修道士饮用。[45]18世纪著名的博物学家卡尔·林奈（Carl von Linné）指出巧克力具有催情作用，而西班牙科学家和作家佩德罗·菲利佩·蒙劳（Pedro Felipe Monlau）在他于1881年写的《婚姻卫生学：已婚者之书》（*Higiene de Matrimonio: El Libro de los Casados*）中也声称可可膏和可可脂有增强性欲的效用。

在19世纪，英国和美国媒体上流传着一个关于拿破仑·波拿巴（Napoleon Bonaparte）与前任情人发生了一场不愉快事件的谣言。据说这位法国军事领袖每天早晨都会按惯例喝一杯巧克力，这本并不是什么不寻常的事。保琳·里奥蒂（Pauline Riotti）是科西嘉宫廷的一员，从年幼时就被拿破仑勾引，后来在怀孕后被他抛弃。里奥蒂潜入厨房，给拿破仑的早餐巧克力下了毒，想以此来报复他。其中一位厨师目睹了她下毒的行为，并警告波拿巴，不要喝巧克力，波拿巴强迫里奥蒂当着他的面喝下巧克力。里奥蒂喝下后开始抽搐，并最终身亡。举报她的厨师被授予荣誉军团勋章，而里奥蒂则在死后被公开宣布为精神失常。[46]这个故事是精心编排的谣言，还是真实发生的事实，目前尚无人知晓。

据了解，奥地利的安娜（Anna）公主生于17世纪初的马德里，她嫁给路易十三时将巧克力引入了法国宫廷。然而，是她的儿子路易十四才使巧克力在巴黎名声大噪。[47]当玛丽·安托瓦内特（Marie Antoinette）于1770年（14岁时）嫁给路易十六时，她的私人巧克力制造师也陪同她一起进入宫廷。

关于玛丽·安托瓦内特，许多传记作家对她要求设立"女王巧克力制造师"这一新职位的说法存在争议。然而，法国档案显示，至少一个世纪之前，路易十四的西班牙妻子玛丽亚·特蕾莎（Maria Theresa）就将一个名叫让·德·埃雷拉（Jean de Herrera）的人任命为同样的职位，她被认为对法国的巧克力饮料产生了很大影响。蒙特斯庞（Montespen）侯爵夫人也写过关于女王年轻的西班牙女仆塞尼奥拉·莫利纳（Señora Molina）的轶事，她"配备有精美的银质厨房用具，有一个专门为她自己使用的私人厨房。她在那里制作了丁香味巧克力、褐色浓汤和酱汁，有大蒜、辣椒和肉豆蔻香味的炖菜，以及一些令人作呕的糕点，年轻的公主深深沉湎其中。"据说玛丽亚·特蕾莎的牙齿也是又黑又烂，这是她食用大量巧克力的结果。[48]

　　玛丽·安托瓦内特的巧克力制造师（不是据称她带到凡尔赛宫的那位）苏尔皮斯·德波夫（Sulpice Debauve），也是路易十六国王的药剂师，他独创了新的巧克力配方，将兰花球和巧克力混合在一起，以增强人的力量，还加入橙花以镇定神经，加入杏仁奶以恢复良好的消化。[49]他倡导加大可可用量，作为一名化学家，他有丰富的知识将正确的风味融合在一起，以创建口感最好的组合。德波夫创造了一种圆形的巧克力，质感丰厚而甜美，其中加入了蜂蜜，旨在为女王治疗头痛。玛丽·安托瓦内特非常喜欢它们，他将之命名为"玛丽·安托瓦内特的金币巧克力（球）"。1807 年，这位著名的化学家与他的侄子安托万·加莱（Antoine Gallais）一起在巴黎开了一家名为"德波夫和加莱"的店铺，你至今仍可在这里找到这些产品。法国大革命期间，玛丽·安托瓦内特被关押在康西耶日监狱等待审判时，每天早上都会用巧克力和一个面包开始她的一天，直到她被处决。[50]也许她持续的头痛是即将到来的更黑暗未来的预兆。

●●●

　　凡尔赛宫无疑见证了许多与巧克力相关的历史事件，特别是发生在贵妇人之间的轶事。路易十五的前首席情妇蓬帕杜（Pompadour）夫人在让娜·杜巴里的传记作者斯坦利·卢米斯（Stanley Loomis）笔下被描述为缺乏性感。为了激发自己的性欲，她采用各种春药，据说她每天早上都会喝一碗加有香草和龙涎香（来自抹香鲸的肠道）的热巧克力，搭配松露和芹菜汤。[51] 路易十五本人经常生病，他的体弱多病被归因于他过度食用巧克力。[52]

路易十五的情妇杜巴里夫人是她那一代最引人注目的美女之一，她的故事非常有趣。在她们的情人关系公开之前，据说杜巴里夫人会用蜂蜜为路易十五的巧克力调甜，而他则会为她准备咖啡。[53]

油画《杜巴里夫人》，由伊丽莎白·路易丝·维瓦勒布朗（Elisabeth Louise Vigae Le Brun）于 1781 年创作，现藏于费城艺术博物馆

但杜巴里夫人与被奴役的路易·贝努瓦·扎莫尔（Louise-Benoit Zamor）之间的关系是杜巴里夫人故事中最有趣的一个。当时扎莫尔只有 11 岁，他被从如今的孟加拉国（或可能是东非的锡迪）带走，并被贩卖

到路易十五的宫廷。他被当作"礼物"赠送给杜巴里伯爵夫人，她送给他很多珠宝小饰品，还让他接受广泛的教育，并源源不断地为他提供豪华巧克力零食。尽管他们之间的母爱关系很奇特，但正是扎莫尔作为告密者向公共安全委员会出卖了自己的女主人，并在法国大革命期间站在起义者一边，最终推翻了君主制度，将杜巴里夫人送上断头台。由于预见到了随后革命的悲惨后果，杜巴里夫人将一系列珠宝、奢侈品和财宝偷运到英国，并深藏于她的住宅内。在她被捕后，为了保命，杜巴里向法兰西共和国的统治者透露了这批赃物的藏匿地点。在冰室对面一个金制化妆盒里隐藏的物品中有"一个酒加热器、一个奶罐和一个大巧克力壶"。[54]毫无疑问的是，这对她的判决并没有任何影响，她最终仍然被处决。

19 世纪早期的巧克力壶和杯子（©Emma Kay）

VUE DE GÊNES
Prise de la mer, vis-à-vis l'entrée du port.

意大利皮埃特罗·罗马南戈公司生产的巧克力甜点。该店成立于1780年，位于热那亚（©Emma Kay）

在多情的威尼斯冒险家贾科莫·卡萨诺瓦（Giacomo Casanova）的回忆录中，不论是提到女性魅力四溢的情妇还是17世纪热情无畏的男人们，他都多次讲到巧克力，包括向莫林（Morin）夫人的侄女赠送了一打在意大利热那亚购买的巧克力。[55]这些巧克力很可能来自热那亚最古老、最负盛名的糖果制造商皮埃特罗·罗马南戈（Pietro Romanengo）公司，该公司成立于1780年，至今仍在经营，并仍然采用当时的许多原始技术和制造方法。热那亚是最早进口糖到欧洲的港口之一，因此它是制造糖果的理想之地。

卡萨诺瓦每天早上都会吃巧克力，偶尔在晚餐时也会享用巧克力，那是一种他自己制作的"特别"的巧克力。这种巧克力可能与他曾在皇家宫廷要求的加水巧克力类似。他在回忆录中写道，那种巧克力"非常糟糕"。他还经常光顾各个巧克力店，无论身在欧洲的哪个地方。[56] 在旅居瑞士期间，卡萨诺瓦住在一位公爵的家中，这位公爵的两个女儿负责照顾他。卡萨诺瓦的回忆录肆无忌惮地讲述了他经常对其中一个女孩罗斯（Rose）进行性侵犯，尤其是当她给他送巧克力到他的房间时。当中他虽然责备她拒绝他的示爱，但也暗示她在一些时候其实是欲拒还迎。[57] 从过去的回忆录和日记中很难区分某些性行为是否是自愿的，因为男性的自尊心往往暗示当事女性对自己有一定程度的回应，但事实并不然。我认为，我们应该避免浪漫化这些性侵犯的经历，因为这可能会持续混淆文化习俗中对侵犯的定义。

•••

巧克力在早期西班牙社会经常被当作爱情魔药，用来吸引恋人、驱赶情敌或改变现有恋人的某些行为。巧克力浓郁的味道，可以轻松掩盖巫术中加入的其他成分，比如人肉、用来驯服伴侣的虫子，或者常常添加在用来吸引喜爱对象的药水中的女性月经血。由于巧克力的黏稠度很高，还可以将伪装粉末加入巧克力饮料中，作为在社交场合中常供的饮料。

西班牙宗教裁判所是历史上持续时间最长的恐怖暴政和迫害统治之一。异教徒，包括犹太人和新教徒，如果无法逃脱，就会被天主教官僚屈打成招，承认自己的罪过。除非他们自愿认罪，不然他们常常会直接被判有罪，并最终被监禁或公开处决。主动忏悔认罪可能会获得不同程度的免罪和从轻处罚。

在 17 世纪的西班牙，巧克力是一种奢侈品，只供权贵、皇室、神职人员和富人享用，因此在这些圈子之外食用会被视为有罪和可疑行为，一些巧克力商人还会被指控为巫术和诱骗行为。这基本上被认定是一种非基督教的行为，可能会被指控亵渎教会的罪名。有许多审判记录详细描述了那些因以这种方式使用巧克力而受审的人。

1626年，在墨西哥的特奥蒂特兰镇，30岁的玛丽亚·布拉沃（Maria Bravo）从当地的土著妇女那里学到了一个食谱，希望获得自己所钟情男子的爱慕，然而她这份感情并没有得到对方的回应。这个施咒的食谱是将她的月经血与巧克力混合，然后喂给她的意中人。在完成这一计划后，玛丽亚失望地发现那个男人依然对她不感兴趣，于是决定向宗教裁判所忏悔自己犯下的这个"罪"。同样，墨西哥东南部特佩阿卡的安娜·佩尔多莫（Ana Perdomo）也承认将自己的月经血与巧克力混合，试图夺回丈夫的爱，因为其丈夫的心早已飞向他处。

6年前在墨西哥西部城市瓜达拉哈拉，据说当时年约23岁的胡安娜·德·布拉卡蒙特（Juana de Bracamonte）声称，当她住在弗朗西斯卡·塞佐尔（Francisca Sezor）女士的家中时，弗朗西斯卡为她所爱的安东尼奥·德·菲格罗亚（Antonio de Figueroa）先生准备了一大碗巧克力。据弗朗西斯卡·塞佐尔女士说，她的表妹给了她一些"魔法粉末"，她在胡安娜·德·布拉卡蒙特面前将这些粉末加入了巧克力中，试图促使安东尼奥·德·菲格罗亚先生爱上她。根据之后的证词，由于弗朗西斯卡·塞佐尔女士已经去世，所以无法得知胡安娜·德·布拉卡蒙特为什么要认罪，但她的认罪供词里还提到她并非出于仇恨或恶意。可能是由于她的原告是安东尼奥·德·菲格罗亚先生，或者她只是出于恐惧而认罪，而不愿经过酷刑再被屈打成招。

同年，在同座一城市，巴尔塔萨尔·佩纳（Baltasar Pena）声称他在家里一名仆人的床下发现了一块据称是从一个不久前被处以绞刑并被五马分尸的人身上取下的人肉样本。这名女子烤熟了这块肉，然后将其与巧克力混合，尽管不知她要用它做什么。由于考虑到这种离奇的混合物是在床下发现的，这很可能暗示其中存在某种性的元素。

不仅是女性将巧克力作为诱惑的工具，墨西哥城的西蒙·赫尔南（Simon Hernan）在 1690 年由于迫于压力认罪，并向宗教裁判所宣称他在弥撒期间将"一些粉末"溶解在教堂的巧克力杯中，然后将这个混合物给了一个名叫米卡埃拉（Micaela）的西班牙女人，以"享受她的恩宠"。[58]

欧洲文化当时普遍将巧克力视为奢华而富有诱惑力的饮料。它是一种贵族饮料，人们常在早晨或者在有道德问题的巧克力屋中畅饮。直到 19 世纪中叶，它仍被视为一种下流和放荡的饮料，部分原因是它作为象征着墨西哥邪恶仪式传统的饮料，而且经过好长一段时间才在整个欧洲成为一种普及的人们负担得起的饮料。

巧克力与连环杀手

或许并不令人意外的是，巧克力与死亡、病态等的历史联系延伸至令人恐惧的连环杀手世界。被称为"密尔沃基食人魔"的杰弗里·达默（Jeffrey Dahmer），曾在安布罗西亚巧克力厂担任一份普通的工作。据传在被捕后，他告诉办案的侦探，在工作储物柜里他曾保存着一个其谋杀受害者的头骨作为纪念品。达默的受害者大多是年轻人和中年人，他引诱他们来到自己的公寓，然后用药物迷昏并杀害他们，手段通常是通过勒颈窒息致死。他还在受害者身上进行可怕的实验，如在他们的头上钻孔，注入酸液，并切除他们脑部的部分组织，有时甚至在受害者们还没有完全失去意识的情况下进行。他的作案动机是出于性的控制欲，而其最终行为则是将他们肢解，然后要么用酸液溶解尸体的部分，要么将其他部分保留作为纪念品。[59]

在达默被定罪后，安布罗西亚巧克力厂不得不搬迁，以避免受到负面新闻的影响。在达默案引起轰动之前的几十年里，这家由本地德国商人奥托·舍恩莱伯（Otto Schoenleber）于1894年创立的老工厂因其散发出甜美气味而在密尔沃基市中心的几条街道上声名远播。卡吉尔可可与巧克力公司在几年前收购了安布罗西亚品牌和新工厂。

1983年，安布罗西亚巧克力公司举办了一场比赛，大概是为了让当地人提供一些巧克力烹饪的创新方法。巧克力夹心脆饼的获胜者是克里斯·基特尔森（Kris Kittleson）。不幸的是，制备该脆饼的巧克力杏仁配料的方法被遗失，保留下来的食谱并不完整。

巧克力杏仁夹心脆饼食谱

2/3杯迷你半甜巧克力颗粒，1/2杯炸面条碎，2/3杯花生酱，1包（6盎司）脆糖片（小块太妃糖），1/2杯糖粉，1/4杯即溶脱脂奶粉，2汤匙水，1/4杯蜂蜜。

制作方法：

在一个大碗中将巧克力颗粒、炸面条碎、花生酱、半杯脆糖片、糖粉、脱脂奶粉、水和蜂蜜混合在一起，充分搅拌均匀。把混合物压入8英寸×8英寸的烤盘中，使其均匀铺平。然后将其放入冰箱冷藏，直至凝固。与此同时，准备巧克力杏仁配料，将该配料混合物涂抹在已经凝固的脆饼上，然后撒上剩余的1/4杯脆糖片。将脆饼切成1英寸×2英寸的条状，制成32块小饼干。[60]美味的巧克力杏仁夹心脆饼就准备好了！

在过去的20年里，美国密尔沃基公共图书馆的图书管理员收集了数百个食谱，其中包括来自《密尔沃基日报》（Milwaukee Journal）和《密尔沃基哨兵报》(*Milwaukee Sentinel*)的食谱，这为人们提供了一个令人着迷的视角，展示了从 20 世纪 60 年代到 80 年代当地食品的多样性，同时也反映了这座城市丰富的德国文化遗产，而达默案也是其中的一部分。

欧洲的蛋糕与德国和奥地利的萨赫尔托蛋糕最为相关，这是一种涂满厚厚糖霜并多层叠加的奢华蛋糕，通常含有巧克力成分。

1963 年，《密尔沃基日报》刊登了一份杏桃巧克力蛋糕的食谱，声称能为食用者带来前所未有的丰富口感。

杏桃巧克力蛋糕食谱

1 杯黄油，$1\frac{1}{2}$ 杯糖，3 个鸡蛋，1 茶匙香草精，3 杯过筛的蛋糕粉，$2\frac{1}{2}$ 茶匙泡打粉，1 茶匙盐，1 杯牛奶。

制作方法：

将蛋糕模具涂抹黄油，并撒上薄薄的蛋糕粉，放置备用。将黄油和糖混合搅打，加入鸡蛋并持续搅打至蓬松。加入香草精华，再将干的食材过筛混合，然后交替加入牛奶，先干后湿，直至均匀混合。将面糊平均分配在 3 个 9 英寸圆形蛋糕模具中，放入预热至 350℃的烤箱中，烘烤 25 分钟。冷却 10 分钟，然后从模具取出，放在蛋糕架上完全冷却。使用锋利的刀子将每层蛋糕水平切成两半，之后在每层之间涂抹巧克力卡仕达馅料并在顶部涂抹杏桃果酱。蛋糕的侧面再轻轻地抹上薄薄一层巧克力卡仕达馅料。

巧克力卡仕达馅料制作：

1/2 杯糖，4 个鸡蛋，1 杯黄油，4 块半甜巧克力（融化并冷却），1 茶匙香草精。

在双层锅的上层，将糖和鸡蛋混合，加热并不断搅拌，直至变浓且呈琥珀色，待冷却。将黄油打发，加入巧克力和香草精，混合均匀。将黄油混合物加入鸡蛋中，搅拌至完全混合，足以填充5层薄蛋糕，并抹在蛋糕的侧面。如果馅料过于浓稠，可用力搅拌至适合涂抹的浓稠度。

杏桃果酱制作：

1/2杯杏桃果酱，1汤匙玉米淀粉，1/4杯冷水，1汤匙柠檬汁，1/4茶匙盐。在平底锅中将所有成分混合并加热，不断搅拌直至变稠。待冷却。

波希米亚（现涵盖捷克共和国全部领土）曾包含一个德语边界地区，后来成了苏台德地区。生活在苏台德地区的德裔波希米亚人在第二次世界大战后被迫重新定居于德国各地。

毫无疑问，这道名为"巧克力波希米亚糖球"的食谱来源于德国，1964

巧克力波希米亚糖球（©Emma Kay）

年发表在《密尔沃基日报》上，以此向这个历史悠久的地区致敬。

这道食谱很像是广受欢迎的德国圣诞美食"朗姆球"（巧克力朗姆糖球）的无酒精版本。

巧克力波希米亚糖球食谱

3/4 杯植物起酥油，1 杯加 4 汤匙糖粉，9 盎司甜巧克力（刨成碎片），1 杯碎坚果，1 茶匙香草精，$1^1/_4$ 杯面粉。

制作方法：

用木勺将所有成分混合在一起，然后将混合物搓成核桃大小的小球状。在预热至 350℃ 的烤箱中烘烤 8 分钟。趁热时在外表滚上糖粉，然后冷却。列出的材料分量可以制作约 5 打（约 60 个）波希米亚糖球。[61]

●●●

鉴于巧克力既能给人带来慰藉，又能提供刺激，或许我们便可以理解为什么死囚们在选择临终餐单时，有那么多人希望巧克力成为其最后一餐的一部分。在那个不可避免的终结时刻，巧克力或许能为那些即将面临死亡的人提供一丝怀旧的慰藉和安慰。

被称为"俄克拉荷马城炸弹手"的蒂莫西·麦克维（Timothy McVeigh），在 1995 年炸毁了美国俄克拉荷马城联邦大楼，造成 168 人死亡，近 700 人受伤。在执行死刑前，他请求的最后一餐中有两品脱薄荷巧克力脆片冰激凌。而约翰·马丁·斯克里普斯（John Martin Scripps），一名犯罪行为横跨多个国家的英国连环杀手，于 1996 年在新加坡因犯罪被施以绞刑时，他在最后一餐中也请求了比萨和热巧克力。[62]

以下是一份来自20世纪90年代的薄荷巧克力脆片冰激凌食谱，摘自马塞尔·德索尔尼尔（Marcel Desaulniers）的《Trellis食谱》（*The Trellis Cookbook*）。"The Trellis"曾是美国弗吉尼亚州殖民地威廉斯堡市中心一家标志性餐厅，马塞尔·德索尔尼尔因其"致命美味巧克力"甜点而闻名。然而，"The Trellis"在2020年更换了所有者，现在以"La Piazza"的名称继续运营。

薄荷巧克力脆片冰激凌食谱

2杯浓奶油，3/4杯切碎的新鲜薄荷叶，1杯砂糖，$1\frac{1}{2}$杯半奶半奶油（即一半牛奶一半奶油），1/2杯蛋黄，1杯巧克力脆片，1/2茶匙盐，1杯紧密压实的浅棕色糖，1/4磅无盐黄油（切成8块），2个鸡蛋，2茶匙纯香草精，1杯水，1杯酸奶油。

制作方法：

在准备冰激凌的前12小时，将1杯浓奶油、1/4杯切碎的薄荷叶和1/4杯糖混合在不锈钢碗中，用保鲜膜紧紧盖好，放入冰箱冷藏。

将混合后的奶油和薄荷通过细网滤器过滤到一个$2\frac{1}{2}$夸脱的平底锅中。用勺子轻轻压下薄荷叶，尽可能从中提取更多的风味。加入剩余的1杯浓奶油和1.5杯半奶半奶油，中大火加热。加热后，加入1/4杯糖并搅拌溶解，将混合物煮沸。

在奶油加热的同时，将1/2杯蛋黄和剩余的1/2杯糖放入装有电动搅拌器的碗中，高速搅拌2～2.5分钟。刮净碗的边缘，继续高速搅拌直到稍微变稠并呈柠檬色，再进行2.5～3分钟（此时奶油应该煮沸了，如果没有，调整搅拌器速度为低档，继续搅拌直到奶油煮沸，否则蛋黄会在烹饪过程中产生结块）。

将煮沸的奶油倒入打发好的蛋黄中，搅拌混合，再倒回平底锅中，中大火不断搅拌加热，使温度达到185℃，持续2～4分钟。

> 离火，将混合物倒入不锈钢碗中，放入冰水浴中冷却，使温度降至
> 40 ~ 45℃，约 15 分钟。
>
> 冷却后，加入巧克力脆片，然后在冰激凌机中冷冻，按照冰激凌机的说
> 明书进行。将半冻的冰激凌转移到 2 夸脱的塑料容器中，严密盖好盖子，然
> 后放入冰箱至少冷藏 4 小时。[63]

约瑟夫·坎农（Joseph Cannon）因抢劫时射杀了一名女性而在得克萨斯州接受注射死刑。临死前，他的最后一餐包括巧克力蛋糕、巧克力冰激凌和巧克力奶昔。而因在抢劫时强奸了一名幼女并谋杀了她的姐姐的安德鲁·席克斯（Andrew Six）在密苏里州接受注射死刑前，其最后一餐中也包括一块巧克力馅饼。

迈克尔·杜罗舍（Michael Durocher）在他因谋杀女友、女友的两个孩子和另外两名受害者而接受电击死刑前，曾请求一品脱巧克力冰激凌。

朱迪·布恩安娜（Judy Buenoana）（又称"黑寡妇"）在谋杀了儿子和丈夫后，为了诈取他们的保险金，又谋杀了自己的情人。她被允许在死囚狱中度过她最后的一天，一边看电视节目，一边吃巧克力。约翰·阿什利·布朗（John Ashley Brown Jr）因在抢劫过程中刺伤一名男子而在路易斯安那州接受注射死刑前，曾请求了两杯巧克力麦芽饮料。因开枪射杀一家人以及谋杀牛排馆 6 名员工的罗杰·戴尔·斯塔福德（Roger Dale Stafford）在俄克拉荷马州接受注射死刑前，也要了两杯巧克力奶昔，并与热狗和薯条一起吃下。

以下是一份简单的巧克力麦芽奶昔食谱，选自布伦达·范·尼克克（Brenda Van Niekerk）的《50 种奢华奶昔食谱》（*50 Decadent Milkshake Recipe*）：

巧克力麦芽奶昔食谱

500毫升巧克力冰激凌，187毫升牛奶，25毫升麦芽奶粉，用于装饰的打发奶油，用于装饰的刨碎巧克力。

制作方法：

将所有材料放入搅拌机中，高速搅拌至光润丝滑。如果想要浓稠的奶昔，可以加入更多冰激凌；如果想要稀薄的奶昔，可以加入更多牛奶。在奶昔上撒上打发奶油和刨碎的巧克力进行装饰。[64]

巧克力与灾难

德国的"兴登堡"号客运飞艇是有史以来最大的商用飞艇。1937年5月6日，当它试图在美国新泽西州莱克赫斯特海军基地降落时，一次静电放电或火花点燃了泄漏的氢气，导致发生剧烈爆炸。艇上97名乘客中，62人奇迹般地从数十英尺高处跳下而得以幸免。这是历史上首次被相机拍摄到的重大交通事故。

在飞艇坠毁的那天，巧克力酱梨是当时菜单中的美食之一。以下食谱由阿瑟·怀曼（Arthur Wyman）撰写，他曾在欧洲、亚洲和埃及接受厨师和面包师的培训，然后在20世纪20年代为《洛杉矶时报》（*Los Angeles Times*）测试食谱，并将它们收录在他的周六定期专栏"实用食谱"中。怀曼以将加利福尼亚本地原产的水果融入其食谱中而广受称赞。

巧克力酱梨食谱

将 4 个巴特利特梨（译注：西洋梨的一种）去皮，沿着纵向切成 4 份，然后在黄油中煎至变色。将其摆放在盛盘中，并倒入以下酱汁。食用前彻底冷却。

酱汁的制作方法：将 2 盎司甜巧克力、1 汤匙糖和 $1\frac{1}{4}$ 杯冷牛奶放入双层锅中，用文火煮 5 分钟，然后加入 1 茶匙葛粉（混合 1/4 杯稀奶油和少许盐搅拌均匀），并不断搅拌煮沸 10 分钟。融化 $1\frac{1}{2}$ 汤匙黄油，加入 1/4 杯糖粉，不断搅拌直至糖色变焦，将其加入以上混合物中，并用 1/2 茶匙香草精调味。[65]

●●●

多亏了好莱坞和大量的文字记载，几乎每个人都对"泰坦尼克"号的悲剧式传奇有所了解。这艘雄伟的英国客运巨轮当初被认为是永不沉没的，但在 1912 年 4 月 15 日凌晨撞上了一座冰山。在那个注定以悲剧收场的夜晚，头等舱乘客最后的菜单中包括了巧克力和香草泡芙。

玛丽亚·帕洛娃（Maria Parloa）是当时一位多产的烹饪作家和烹饪先驱，她在"泰坦尼克"号踏上悲剧旅程的前几年去世。我在这里附上她的巧克力和香草泡芙的食谱，不光是因为她曾游历美国和欧洲，学习烹饪艺术并教导他人，更是因为她也是"泰坦尼克号"那个年代的烹饪先驱。

泡芙食谱

在一个大平底锅中放入 1 杯沸水和半杯黄油，煮沸后，倒入 1 品脱面粉，用搅拌器搅拌均匀。当完全丝滑、触感绒软时，离火。将 5 个鸡蛋打入一个碗中，等面团快冷却时，用手将鸡蛋揉进去，每次只加入少量的鸡蛋。当混合物搅拌均匀（约需20分钟）后，在抹了黄油的烤盘上摊开成约4英寸长、1.5英寸宽的长方形片，彼此间间隔约2英寸。放入预热至适中温度的烤箱中，烘烤约25分钟。烤好后，用巧克力或香草糖霜覆盖。等糖霜冷却后，将蛋糕卷一侧切开并填充。

巧克力泡芙食谱

将 $1\frac{1}{2}$ 杯牛奶放入双层锅中。将2/3杯糖、1/4杯面粉、2个鸡蛋和1/4茶匙盐混合在一起，将混合物搅拌入煮沸的牛奶中，煮沸15分钟，匀速搅拌。冷却后，加入1茶匙香草精调味。将2块刨成碎末的巧克力和5汤匙糖粉，加入3汤匙沸水，放在火上搅拌，直至光滑和有光泽。蛋糕从烤箱中取出后，在蛋糕卷的顶部淋上巧克力糖衣即可。等巧克力糖衣干了，切开并填充冷却的奶油。如果喜欢巧克力风味的奶油，可在奶油中添加1汤匙溶解的巧克力。

香草泡芙食谱

用2个鸡蛋清和 $1\frac{1}{2}$ 杯糖粉制作糖霜。加入1茶匙香草提取物调味。将糖霜均匀涂在蛋糕卷上，待干后填充与巧克力蛋糕卷相同的奶油。也可以用糖和香草精调味后打发的奶油填充。还可以用草莓和覆盆子果酱来填充蛋糕卷，然后以果酱的名称来命名蛋糕。[66]

●●●

没有什么比太空更神秘的了。苏联宇航员尤里·加加林（Yuri Gagarin）在1961年成为第一个绕地球飞行的人，他的"太空食品"包括装在类似牙膏管的东西，里面含有"果汁、液态巧克力和汤"。[67] 巧克力也是美国"阿波罗"太空任务中的主食，其中包括脱水巧克力布丁和真空包装的布朗尼。[68]

如今，宇航员们可以品尝到从巧克力饼干到薄荷巧克力等各种花式精致的巧克力。有一种特别的小巧克力，至少伴随了 130 次美国宇航局的太空任务，那就是"Mars"（火星）牌的 M&M 巧克力豆。这些五颜六色的豆豆给人们带来了无尽的喜悦，因此它们一直出现在大多数宇航员的食谱上。这些小巧克力豆被包装在透明的小塑料袋里，既可以用来食用，也经常在失重环境中被用来当作一种玩具。

由于巧克力在太空探索中的历史价值，M&M 巧克力豆大概率曾被储存在 1986 年美国"挑战者号"航天飞机上。那是一次以悲剧结尾的太空任务，当时机上的 7 名宇航员全部丧生。

• • •

1972 年，一架飞机在前往智利参加一场业余橄榄球比赛的途中坠入安第斯山脉。在 45 名乘客中，包括橄榄球队员及其朋友和家人，只有 16 人幸存下来。他们在寒冷环境中苦苦坚持了 72 天，最后不得不依靠食用死去同伴冻僵的尸体来维持生命。有一本畅销书和改编的电影《活着》（Alive）就讲述了这个故事。据可靠记录，幸存者们仅有的赖以生存的食物之一就是 8 块巧克力棒。每个人在晚上都会分到一块，直到食物用尽。

为了打发时间并保持头脑清醒，幸存者们经常谈论他们最喜欢的家常菜或者自己做过的菜肴、他们吃过的最奇特的食物、最喜欢的布丁等。在这许多的讨论之一，来自乌拉圭的学习电子学的学生罗伊·哈雷（Roy Harley）谈到了一道以巧克力包裹的花生和牛奶糖的美食。[69]

他可能指的是一个非常著名的拉美甜点，叫作"阿尔法霍尔"

（alfajor），特别受到孩子们的喜爱。"阿尔法霍尔"有多种口味，如杏仁味、榛子味、椰子味、花生味等，其中间填有牛奶糖，通常还会裹上巧克力（相传西班牙伊莎贝拉二世女王是糖果和甜点的狂热爱好者，她的"糕点师博物馆"据说几乎扩展到了宫殿的每个房间，从糕点到面包，再到蜜饯、软糖、糖米，当然还有"阿尔法霍尔"）。[70]

幸存者中的几名成员绝望地寻求帮助，走了数天的路程后，他们遇到了一名孤独的牧羊人，后者骑马行进约 8 小时才找到警察，并开始营救行动。

●●●

1988 年，日本弘前大学的学生们在日本本地销售的 22 个巧克力品牌中，检测到 16 个品牌的巧克力中含有高含量的放射性物质。研究团队将这归因于受污染的牛奶，可能是 1986 年苏联切尔诺贝利核电站灾难的后果，这被认为是历史上最严重的核灾难之一。在那次核电站爆炸中，有数百人丧生，而由辐射引起的潜在死亡人数可能高达数千人。[71]

日本人特别喜欢巧克力覆盖的香蕉，这是一种常见的传统吃法。人们把水果覆盖上各种不同类型、颜色各异的巧克力，有时还精心装饰，并总是绑在一根棍子上。也许是由于它们的形状，这些巧克力香蕉在每年 4 月于川崎举行的"神道生育节"（"铁男根祭"）上特别受欢迎。通常日本人都是被与端庄和礼貌联系在一起，这个完全与端庄和礼仪背道而驰的节日，将包括 LGBTQ 群体 [译注：即女同性恋者（lesbian）、男同性恋者（gay）、双性恋者（bisexual）、跨性别者（transgender）和酷儿（queer），指心理性别与生殖器性别不一致的人，又名"彩虹族""性少数者"] 的边缘化群体聚集在了一起。

然而，关于这个节日背后的起源故事却有些邪恶。简而言之，根据古老的日本传说，一个嫉妒心重、长着锋利牙齿的恶魔附身在一位年轻女子的阴道中，并咬掉了她所有情人的阴茎。这个女子整日生活在恐惧和绝望中，直到有一天她请铁匠制作了一根铁假阳具，才打断了恶魔的牙齿。于是，金属阳具逐渐成了保护性和生育的神器。从 16 世纪开始，妓女们就会聚集在金山神社外，通过祭拜神祇"金山比古之神"和"金山比壳之神"等与铁匠有关的神明，以求生意兴隆和免受性病侵袭。[72]

巧克力香蕉食谱

材料（4 人份）：

2 根大青香蕉，2 对一次性筷子或 4 根冰棍棒，巧克力屑或您喜欢的其他配料，70 克巧克力，热水。

制作方法：

将香蕉切成半截或自己喜欢的大小，并在每根香蕉上插入一根棍子。

将香蕉放入冰箱，同时融化巧克力。

将一碗巧克力放在热水浴中（约 60℃）。

巧克力完全融化后，检查温度，温度低于 35℃ 是最佳状态，将其从热水中取出（如果温度超过 35℃，请小心，因为巧克力将不会凝固）。

将香蕉从冰箱取出，并迅速涂上融化的巧克力。

迅速装饰巧克力覆盖的香蕉，然后让其干燥。[73]

● ● ●

另一个一年一度的以巧克力为中心的庆祝活动是"巧克力列车失事节"。该节日是为了纪念发生于 9 月 27 日位于纽约州麦迪逊县汉密尔顿村的一次事件。在 1955 年的这一天，一列从奥斯威戈前往诺维奇的列车脱轨并撞入一个煤棚。车厢里装载着成百上千瓶雀巢巧克力饮料、成千上万个雀巢巧脆棒以及几十盒巧克力片。万幸的是，事故中没有人受重伤，而该村庄却得到了大量的美食。从那时起，他们就用各种巧克力主题的活动来纪念这次列车失事。[74] 村民们可以像下面这个食谱一样，制作巧克力碎块曲奇，以尽量不浪费所有从天而降的美食。

巧克力碎块曲奇食谱

　　1 杯黄油或人造黄油，$1\frac{1}{2}$ 杯红糖，2 个鸡蛋，1 茶匙香草精，2 杯普通面粉，1/4 杯玉米粉，1 茶匙小苏打，2 杯巧克力碎块，1 杯切碎的核桃仁（可选）。

制作方法：

　　将黄油和红糖混合打发，逐个加入鸡蛋，搅拌均匀，加入香草精。将面粉、玉米粉、盐和小苏打混合在一起。加入巧克力碎块和核桃仁（如果选择添加的话）。将面糊用勺子一勺一勺地放在抹了油的烤盘上。在 180℃（350°F）下烘烤 10～15 分钟。[75]

第 *2* 章

灵丹妙药、迷信与灾祸：
巧克力更为丰富的关联元素

几个世纪以来，巧克力被吹捧为可治愈致命感染疾病的神药、保健品、兴奋剂、泻药和减肥药等。在基督教的观念中，巧克力由于其神秘的阿兹特克渊源（见前述）而被认为与罪恶和巫术有关。

巧克力还在一些需要一定程度耐受力的逆境中扮演着重要角色，比如探险和战争。在第二次世界大战期间，英国的非法交易极其猖獗，虽然可可粉没有配给限制，但固体巧克力是有定量配给的。黑市上流通的巧克力往往味苦而坚硬。尽管巧克力制造商和政府就继续生产所需的可可原料数量达成了协议，但糖的定量配给却极大地限制了巧克力的生产。

一些制造商，如约克郡的朗特里公司，在其巧克力产品中添加糖精，但这种人工添加的甜味并不受买家欢迎。以下两个战时巧克力食谱于 1943 年 11 月 20 日刊登在《陶顿信使和西部广告商》（*Taunton Courier and Western Advertiser*）上：

巧克力条食谱

3盎司糖，$2^1/_2$盎司人造黄油，1个鸡蛋，5盎司面粉，1/2盎司可可粉，1/4盎司脱脂牛奶，1/2茶匙香草精。

制作方法：

将面粉和可可粉过筛，用木勺把人造黄油打成奶油状。加入糖，然后加入鸡蛋。将干的原料和牛奶交替搅拌入混合物中，最后加入香草精。搅拌均匀后，倒入一个抹了黄油的浅盘（约20英寸×6英寸），放入中等温度的烤箱烘烤15分钟，取出并在铁丝蛋糕架上冷却，然后切成整齐的长条。

巧克力蛋奶挞食谱

4盎司酥皮，1/2品脱牛奶，2个鸡蛋，适量糖（用于调味），2茶匙可可粉。

制作方法：

将可可粉与少许冷牛奶混合，剩余的牛奶放入锅中煮沸，当快要煮沸时，搅入混合好的可可粉和牛奶混合物，然后继续煮沸几分钟。同时将2个鸡蛋打发，倒入热牛奶，同时继续搅打或打发。将蛋奶混合物倒入裹有酥皮的烤盘中，在中等温度的烤箱中烤20～30分钟，直到蛋奶凝固。如果你喜欢，在加入蛋奶混合物之前，也可先将烤盘中放好的酥皮进行烘烤。

战争与政治冲突中的巧克力

自巧克力被发现以来，它一直是军队的主要口粮。从阿兹特克战士开始直到拿破仑时期，都有军中食用巧克力的传统。

在第二次世界大战期间，德国军队普遍使用甲基苯丙胺（也称为冰毒或水晶冰毒）。如果你看过屡获殊荣的电视连续剧《绝命毒师》（Breaking Bad），你一定知道甲基苯丙胺是一种极易上瘾的药物，对神经系统具有兴奋作用。它除了可显著提升人的情绪，还可能导致脑出血、精神错乱和极端暴力行为。

在 20 世纪 30 年代，一家名为泰姆勒（Temmler）的制药公司在柏林开始大规模生产甲基苯丙胺片剂，并以 "Pervitin" 为品牌名称，而巧克力制造商希尔德布兰德（Hildebrand）也效仿跟随了这一趋势，生产了添加甲基苯丙胺的巧克力，以德国家庭主妇为目标客户，并配有 "希尔德布兰德巧克力永远令人愉悦" 的广告语。广告中建议主妇们每天食用 2 ~ 3 块添加了甲基苯丙胺的巧克力，以使做家务更有乐趣![1]

巧克力在德国的历史与欧洲其他地区相似，在 17 世纪，它最初作为奢侈品或药用饮料被消费，到 19 世纪才成为一种精制的固体产品。如今，德国最受欢迎的巧克力制造商可能是 "妙卡"（Milka）和 "瑞特斯波德"（Ritter Sport），它们分别成立于 1901 年和 1912 年。

源自奥地利的槽式糕点（Strudel）和中欧及德国美食有着浓厚的关联。当与巧克力结合在一起时，这种糕点变得更加诱人，就像下面这个食谱一样。

德国巧克力槽式糕点食谱

槽式面团制作：

将 2 个鸡蛋和 2 个蛋黄打散，融化约一个鸡蛋大小的黄油，加入打好的蛋液中，再加入少许盐。逐渐加入足够的细面粉，揉搓成面团，至面团表面光滑。将面团分成小块，并用手滚圆，然后用光滑的擀面杖将它们擀成尽可能薄的形状，应该是一个茶碟大小，但稍微呈椭圆形。

馅料制作：

将香草巧克力磨成碎屑，与一些捣碎的杏仁和2～3个蛋黄混合，再加入打发至雪花状的蛋白。在槽式面团上涂上热黄油，然后涂上薄如刀片的巧克力，将它们卷起，撒上糖和巧克力，然后烘烤。在快要烤熟时，倒入一些奶油或牛奶，确保它们呈浅棕色。[2]

•••

在南非布尔战争期间，维多利亚女王向英国军队派发了特别版的装盒巧克力。这些巧克力包装在罐头中，每罐重半磅，于1899年12月尽一切努力确保每批巧克力在接近圣诞节时送至士兵手中。[3]这很可能就是在圣诞节期间赠送巧克力变得如此流行的原因之一。

布尔战争是南非帝国和英国殖民统治者之间的一场冲突。英国军队采取了严厉而残酷的战术对付布尔人（原荷兰殖民者后裔），这些战术包括建造集中营以及破坏土地和财产。经过两年半的激烈战斗，英国取得了胜利，但却并未赋予当地土著黑人群体投票权，这使得布尔人长期受到压迫和不平等待遇，也成为导致南非长期种族隔离的因素之一。

南非有一种非常受欢迎的点心，叫作巧克力胡椒饼干，我推测它可能源于古代荷兰和德国作为儿童零食和牛饲料而制作的"Pfefferkuchen"（一种加入香料的饼干），以及维也纳的"Wienerstube"巧克力饼干。我在1952年《家政学杂志》（*Journal of Home Economics*）中找到了一种维也纳饼干的食谱，其中使用了雀巢巧克力，当然你也可以使用其他品牌的巧克力。

维也纳巧克力饼干食谱

1 袋（约 300 克）雀巢半甜巧克力豆，用热水（不是沸水）融化。

将以下材料一起过筛，备用：

2 杯过筛面粉，1/4 茶匙丁香粉，1 茶匙肉桂粉。

将以下成分混合，搅拌至顺滑：

1/2 杯黄油，1/2 杯猪油或植物油脂。

逐个加入以下成分，与脂肪类食材混合均匀：

1 杯糖，1 个鸡蛋，1 杯未剥壳的杏仁（细磨碎），1 汤匙柠檬皮碎，过筛的面粉混合物。

制作方法：

将面团分成两半，每一半用蜡纸包住，擀成约 35 厘米 × 25 厘米大小，冷藏。

将其中一半放在烤盘上，涂抹融化的巧克力，铺上剩余的面团，再用刀或糕点切割轮刀切成 5 厘米的正方形，并将外缘封口。以 190℃（375°F）的温度烘烤 15 分钟，并趁热切割成方形。可制作大约 26 块饼干。[4]

●●●

历史上，巧克力在战俘营中曾被用作物物交换的货币。雷德福（R.A. Radford）于 1945 年出版的《战俘营的经济组织》（*The Economic Organization of P.O.W Camp*）是他在第二次世界大战期间被俘虏时的观察报告，雷德福于 1942 年在利比亚被俘。在这种艰难环境中，从果酱到剃须刀片，战俘们经常以以物易物的方式交换商品和服务。供应品往往依赖红十字会的捐赠，捐赠物通常包括罐装牛奶、果酱、黄油、饼干、巧克力、罐头牛肉、糖和香烟。在意大利的一个中转集中营里，雷德福描述了一位不吸烟的朋友用香烟交换巧克力的经历。同样地，不食用牛肉的锡克教战俘会用牛肉来交换果酱或人造黄油。随着经济的转变和交易的增加，每种物品的特定价值开始出现。例如，一罐果酱等于半磅人造黄油，而几份巧克力相当于一份香烟。在"二战"末期的德国，雷德福在书中描述了当时供给的减少，有些配给甚至减半。到了1945年，一块面包可以换一块巧克力，然后便出现了战俘们纷纷出售面包以购买巧克力的现象。[5]

在"二战"期间，雀巢旗下一家名为"美极"（Maggi）的子公司据称在德国靠近瑞士边境的工厂中雇用了战俘和犹太奴隶劳工。[6]在2000年8月，雀巢向大屠杀幸存者和其他犹太组织支付了2500万瑞士法郎，作为对其在纳粹统治下的国家剥削性商业活动的赔偿。[7]

在第一次世界大战期间，德国军方也向英国采取了肮脏的战术手段。伪装成巧克力小贩的德国间谍向英国士兵分发甜食，赢得了渴望巧克力带来一些慰藉的英国士兵的信任。两名曾在战壕中作战的皇家海军志愿预备队的水兵告诉记者，这些送巧克力的人经常穿着比利时军服或者装扮成平民向他们提供巧克力，一边了解他们的一举一动，一边尽可能窥探他们军队的部署、实力和装备。[8]

下面是一份巧克力焦糖的食谱，于第一次世界大战结束不久后发布：

巧克力焦糖食谱

取3盎司细细磨碎的香草巧克力，1磅最好的糖块，1/2品脱奶油，1/2品脱牛奶。将糖溶解在牛奶中，加入奶油，缓慢地煮沸。用尽可能少的热水将巧克力溶解，搅拌入糖浆中，小心地煮沸，直至滴入冷水中的液滴立即变硬，并产生脆性。将其倒在涂过油的平板上，做成由条形边界形成的正方形。如果没有平板的话，倒入旧罐中。冷却后用焦糖刀或涂过黄油的刀切成方块，再用蜡纸逐个包裹。[9]

实际上，所有参与战争的人都会采取隐秘的潜伏行动，包括第二次世界大战期间被派往西班牙执行任务的英国特工。他们的假身份必须尽可能真实可信，而其中一个办法则是让自己像西班牙人一样身上散发出大蒜味，因为西班牙菜肴中常用大蒜调味。

20 世纪 30 年代的英国人对大蒜有些厌恶，所以为了让特工能够更容易地接受这种 "苦药" ——或者说是大蒜，英国特工们被发放了一种含有大蒜的巧克力棒。[10]

大蒜也是极好的天然降压药——对于特工人员来说，高血压可能是一个普遍存在的危险，因此大蒜巧克力可能一石二鸟。

牛津食品与烹饪研究会（The Oxford Symposium on Food and Cookery）在 20 世纪 80 年代发表了巧克力蜜饯大蒜的制作方法。我不知道这是不是 50 年前英国军情五处（MI5）特工采用的方法，但这无疑是一个很棒的食谱，其中还建议将该甜品与意式浓缩咖啡一起享用。

巧克力蜜饯大蒜食谱

1 杯水，4 汤匙糖浆，1/2 杯玫瑰水，1 杯去皮蒜瓣，1/2 个柠檬的皮，半甜巧克力。

制作方法：
在平底锅中将水、糖浆、玫瑰水和柠檬皮混合，煮沸，然后继续煮至液

> 体变得如糖浆般黏稠。加入蒜瓣，煨煮，直至大蒜变软且变成蜜饯状。
>
> 将蜜饯大蒜从糖浆中取出，放在架子上冷却。然后将蜜饯大蒜蘸上融化后的半甜巧克力，待其冷却即可。[11]

在战争的炼狱中，也有一些与巧克力相关的动人故事。第一次世界大战期间，美军在法国东北部进行了激烈的战斗，士兵们在克萨梅（Xammes）村的前线奋战。当时一名步兵的日记描述了激烈的炮击导致任何补给都无法送达前线部队，一个名叫埃尔默·P.理查兹（Elmer P. Richards）的士兵被弹片击伤，他得知连队的困境后，设法获取了大量巧克力，然后在炮火中艰难地步行两英里，只为确保每个士兵都得到一份巧克力以维持体力。[12]同样在法国，当时著名的法国家族企业巧克力公司麦涅（Menier）公司的首席运营经理加斯顿·梅尼尔（Gaston Menier）将他的城堡改建成一家医院，自费聘请组织有序的外科医生和护士来照料伤员。[13]

在大西洋彼岸，巧克力在美国的战乱时期同样至关重要。自1765年以来，美国新殖民地的人们就已将巧克力作为热饮食用。南部各州在南北战争期间无法获取巧克力，于是人们发明了一种用花生代替巧克力的饮料。人们将花生烘烤、剥皮并在石臼中磨碎，然后与煮沸的牛奶混合并加入糖。根据弗吉尼亚·克莱－克洛普顿（Virginia Clay-Clopton）的回忆录，这种饮料对于当时的人们来说"口味非常好"。[14]

1937年，保罗·洛根（Paul Logan）上尉委托美国巧克力巨头好时（Hershey）公司为前线士兵们制作一款用于紧急情况的4盎司巧克力棒。这些含有600卡路里热量的定量D型巧克力棒可以为士兵提供一天所需的所有营养。最重要的是，巧克力棒本身的成分使其能够承受极端温度，并且几乎没有味道，因此不会引诱士兵们在非紧急情况下食用这种巧克力棒。D 型巧克力棒的成分包括巧克力液、糖、脱脂奶粉、可可脂、燕麦粉和香草醛。在"二战"期间，该巧克力棒被成功地生产并供应给美国军队。[15] 类似的配给巧克力在历史上也是瑞士军队供应中很重要的一部分，瑞士军队的这种巧克力甚至有自己的品牌名称，至今仍在使用。

有一段时间内，好时公司与美国的德基著名食品公司（Durkee Famous Foods）合作，后者以人造奶油和椰丝而闻名。德基公司在 20 世纪 80 年代经历了一系列的合并和收购，最近被 B&G 食品公司收购。在 20 世纪 50 年代，你可以发现好时和德基品牌有紧密的合作，比如下面这个由两家食品巨头共同创造的"独家"巧克力软糖食谱。

10 分钟奇妙巧克力软糖食谱

在双层锅中，将 1 包（6 盎司）好时公司的半甜"巧克力点心"（巧克力豆）与 4 平汤匙德基公司的人造奶油（1/4 磅块的一半）融化在一起。

向混合物中加入 3 汤匙温水和 1 茶匙香草。

在一个大碗中筛入 3 杯糖粉（糖霜）和少许盐。

将 1 杯德基公司的"保鲜椰子"或一罐 5 盎司的德基公司"迪克西椰子碎屑"（其他切碎的椰子也可以）与糖混合。

将融化的混合物搅拌入干配料的碗中。

将混合物压入 8 英寸的烤盘中。

如果需要，可在顶部撒上椰子碎屑，将其放入冰箱冷藏，直至凝固。

从冰箱中取出，切成方块即可食用（大约可做 1.5 磅）。[16]

•••

20世纪的俄罗斯人对当时美国和欧洲的消费主义并不熟悉。在革命后，巧克力被共产主义者所鄙视，直到斯大林（Stalin）在1920年代和1930年代才开始将其作为积极的经济象征进行推广。当布尔什维克在1917年夺取政权时，他们对巧克力不屑一顾，这无疑是俄罗斯东正教会严格教义的产物。教徒们几个世纪以来一直视斋戒为至关重要，他们认为由食物引发的感官愉悦会妨碍一个人的精神和道德。19世纪末，俄罗斯巧克力消费的突然增长被视为资产阶级影响的产物。

由弗拉基米尔·列宁（Vladimir Lenin）领导的"十月革命"，拉开了俄国革命的序幕。革命期间，各种旨在推翻现政府的事件和活动不断爆发。作家亚历山大·布洛克（Alexander Blok）最初拥护革命，但在其人生后期却谴责革命，并在1917年写了一首关于"十月革命"的象征性诗歌《十二个》（The Twelve）。这首诗捕捉了当时俄罗斯人的情感和心声，还突显了革命时期人们对巧克力的普遍鄙视。[17]

在诗中，一名赤卫军战士因为女友卡蒂亚（Katya）背弃了革命事业而射杀了她。卡蒂亚还与资产阶级社会的成员通奸，并以身体交换礼物。布洛克这样描写她：

> 她穿着蕾丝内衣，
>
> 现在穿着，是的，现在穿着！
>
> 与军官们纵欲狂欢，
>
> 现在纵欲，现在纵欲！

哦，是的，纵欲！

感受心跳停了一拍！

还记得吗，卡蒂亚，那名军官 ——

他没有逃过尖刀……

你的记忆已经消失了吗？

你的记忆已经过期了吗？荡妇！

好吧，那就让它焕然一新，带着它和你一起上床吧！

卡特卡总是穿着灰色绑腿裤，

狼吞虎咽着"蜜妮安"巧克力，

曾经与年轻的军校学员约会，

但现在她离开他们，去追求士兵。[18]

　　布洛克在诗中提到的"蜜妮安"（Mignon）巧克力，很可能是1912年在乌克兰成立的同名品牌。该品牌最初作为面包店开业，后来开始零售糖果和巧克力。其创始人霍夫塞普·特尔·波戈萨恩（Hovsep Ter-Poghossain Sr）在共产主义政权期间被捕，被指控为资本家，他的家人逃往伊朗。4年后，霍夫塞普·波戈萨恩获释，与家人团聚，并在德黑兰成功重新建立了他的品牌。到了20世纪60年代，在其后辈们的经营下，公司开始专注于制作巧克力。如今，作为第三代巧克力制造商，蜜妮安在美国拥有多家店铺。[19]

　　继续说与俄罗斯有关的话题。米歇尔·波尔津（Michelle Polzine）那款奢华的俄罗斯蜂蜜蛋糕是历史悠久的麦杜维克蛋糕（Medovik Tort）

的传承者，据说是俄罗斯沙皇亚历山大一世的主厨所创。最正宗的俄罗斯蜂蜜蛋糕就是用海绵蛋糕和奶油馅料简单制成，但多年来民间涌现出众多变种。波尔津以其位于旧金山的"20世纪咖啡馆"而闻名，她花费了大量时间研究和开发自己复杂的蛋糕食谱，并于2017年与厨师兼《纽约时报》记者萨明·诺萨特（Samin Nosrat）分享。这款蛋糕已成为世界上最受追捧的俄罗斯蜂蜜蛋糕之一。然而，乌克兰还有一种非常类似俄罗斯蜂蜜蛋糕的特殊分层巧克力蜂蜜奶油蛋糕，被人们称为斯巴达克蛋糕（Spartacus）。我对这款蛋糕是否与位于白俄罗斯戈梅利的"斯巴达克"巧克力糖果厂有什么关系感到非常好奇。

以下食谱取自纳杰达·雷利（Nadejda Reilly）的《乌克兰美食》（*Ukrainian Cuisine*）。请注意，这是一个复杂的食谱，但效果令人满意且印象深刻。

斯巴达克蛋糕（巧克力蜂蜜奶油蛋糕）食谱

蛋糕面团：

$2\frac{1}{4}$ 杯普通面粉（过筛），1/4杯无糖可可粉，1茶匙小苏打，1汤匙白葡萄酒醋，1/2杯全脂牛奶，1/4杯蜂蜜，1个大鸡蛋（打散），1/4杯（约2汤匙）无盐黄油（软化）。

奶油馅料：

2杯全脂牛奶，$1\frac{1}{2}$ ~ 2汤匙土豆淀粉，2根无盐黄油（软化）（1杯），$1\frac{1}{2}$ 杯砂糖，6盎司黑巧克力（切碎），1茶匙香草精。

制作方法：

（1）准备和烘烤蛋糕面团

预热烤箱至180℃/（350°F）。在4个9英寸圆形蛋糕模中均匀抹油并铺上纸。在一个小锅中，将牛奶、蜂蜜、小苏打、醋、打散的鸡蛋和黄油混合在一起，不断搅拌，中低火煮2～3分钟，然后完全冷却混合物。在标准搅拌机中将牛奶蜂蜜混合物、过筛的面粉和可可粉混合在一起，低速搅拌至面团混合。将面团静置30分钟，均匀分成4份，放入准备好的蛋糕模中，烘烤20～30分钟，或者烤到插入牙签后取出时完全干净。让其在模中完全冷却。

（2）准备制作奶油馅料

在一个小锅中，将$1\frac{1}{2}$杯牛奶和1/2杯糖混合，煮沸。将剩余的半杯牛奶和土豆淀粉混合，直至溶解。加入煮沸的牛奶，不断搅拌，煮3～5分钟，直至混合物变稠，完全冷却混合物。将1杯糖和香草精的剩余部分与黄油一起打发，直至变得蓬松，呈奶油状。逐次加入1/4杯奶油，直至奶油充分融合且所有成分混合均匀。将巧克力切成粗碎，不要与奶油混合。

（3）组装斯巴达克蛋糕

将奶油馅料均匀分配在4个蛋糕层上，留一些奶油用于顶层和蛋糕侧面。按照以下步骤组装蛋糕：第一、第二、第三和第四层分别是蛋糕面团、奶油馅料和碎巧克力。用大铲子将奶油馅料均匀地涂抹在每一层、蛋糕顶部以及侧面，然后均匀地撒上碎巧克力，用碎巧克力包裹蛋糕的侧面。组装好蛋糕后放入冰箱，在食用前20～30分钟取出。

如要制作巧克力馅料，只需将融化的巧克力或可可粉加入煮开的牛奶混合物或黄油中即可。[20]

•••

一场又一场的革命，可以说巧克力已经不止一次地在历史事件中扮演了重要角色。路易斯·康斯坦特·瓦里（Louis Constant Wairy）是拿破仑的总管，他的回忆录揭示了大量关于皇帝和宫廷生活的信息。

当时的但泽（现在位于波兰的格但斯克）是拿破仑战争中具有重要战

略意义的城市，因此在 1807 年，拿破仑军队的军事指挥官马歇尔·弗朗索瓦·勒菲夫尔（Marshall Francois Lefebvre）领导法国军队对该城市进行了围攻和占领。为了表彰他的功绩，勒菲夫尔被授予公爵头衔。

一天清晨，拿破仑召唤勒菲夫尔共进早餐，并宣布了颁给他的新头衔。勒菲夫尔在整个会议中被皇帝称为"公爵"，让他感到困惑。更让他不知所措的是，拿破仑宣布要送给他一磅但泽城的巧克力作为胜利的纪念品。拿破仑走到一个小盒子旁，拿出一个长方形的包裹递给勒菲夫尔，说了类似"但泽公爵，请接受这块巧克力。有道是礼轻情谊重"之类的话。然后拿破仑、勒菲夫尔和另外一个同伴坐下来继续共进早餐，早餐桌上摆放了一个烘烤大馅饼，代表着但泽城，他们象征性地"攻击"并吃掉了这个馅饼。

回到家后，勒菲夫尔急忙打开包裹，发现里面是相当于 10 万埃克（当时的法国货币）的纸币。从那时起，法国军队习惯将钱称为"但泽巧克力"，这之后也成为发给士兵的零食的通用称谓。[21]

"瓦瑟卡"（Wuzetka）是一款来自波兰的美味蛋糕，其起源已无从考证。有人说这个名字源于 20 世纪 40 年代早期，是发明它的面包房所在的华沙街道的名称。还有人认为它是以波兰首都华沙的主要干道之一——W-Z 大道命名的，该干道是战后华沙的第一个重要城市建设项目。

这款蛋糕基本上就是一块巧克力海绵蛋糕，里面填充有奶油和一层薄薄的果酱或水果，顶部还装饰有一团奶油和一个樱桃。

在我访问过波兰后，我可以为当地质量优异的巧克力打包票。事实证明，想要从书中查找到"瓦瑟卡"蛋糕的食谱非常困难，因此我转向了这个时代技术可及的下一个最佳选择——一个波兰烹饪博客，特别是"比亚塔的糕点"（Beata's Pastries）。比亚塔的传统食谱在波兰非常受欢迎，希望在将其翻译成英语时不会有太多信息丢失。

瓦瑟卡蛋糕食谱

8 个鸡蛋，250 克糖，8 汤匙面粉，1 茶匙小苏打粉，3 汤匙可可粉。

奶油和馅料制作：

750 毫升奶油，3 茶匙明胶，5 汤匙糖粉，3 汤匙厚杏桃果酱（您也可以使用樱桃果酱）。

糖霜制作：

250 毫升奶油，200 克黑巧克力。

制作方法：

将鸡蛋和糖打至蓬松浓稠。

然后分次加入与小苏打粉和可可粉混合的面粉（最好用勺子手动混合，而不是使用搅拌机）。

将面团倒入模具（25 厘米 ×25 厘米），里面铺上纸或抹上黄油，并撒上面包糠。

在 180℃下烘烤 25 分钟。待其冷却后，将面团切成两片薄饼状。

准备奶油：将明胶里加入 5 ~ 6 汤匙水，蒸熟后冷却。

将冷藏的糖浆加入糖粉，搅打至发泡。

将冷却的明胶加入奶油中，并持续搅拌。留出 4 汤匙奶油备用。

将蛋糕的顶部放入模具中（现在可以将模具浸泡——我认为对这种海绵蛋糕非常有用），将所有剩余的奶油放在顶部上，然后在顶部盖上另一片蛋糕（我建议也稍微浸泡）。

用果酱刷抹蛋糕顶部，并冷藏 1 小时。

制作奶油糖衣：加热奶油（不要煮沸），加入碎巧克力。

搅拌至融化，稍微冷却后，将其倒在蛋糕上。

在顶部挤上之前留出的奶油，挤成螺旋状。

再次将成品放入冰箱冷藏 1 小时。[22]

要顺带一提的是，波兰社会最初对巧克力持嘲笑态度。人们认为它又黑又黏稠的特性是邪恶的，而它对神经系统的影响却令人振奋。因此，在斋戒期间，他们不愿意食用巧克力。波兰人也觉得巧克力的味道苦涩而令人反感，直到它开始被作为热饮售卖供应后才被人们接受。巧克力作为能够令人振奋的饮料，最后非常受欢迎，特别是当约翰三世·索别斯基（John Ⅲ Sobieski）国王表白他对 "ciokolata"（波兰语中的巧克力）的热爱时。在 1665 年他写给妻子的信中，他索要了巧克力、一个巧克力壶和一根混合巧克力用的小棍。

巧克力的神奇药用

《巴迪亚努斯手稿》（*Badianus Manuscript*）是一本早期的阿兹特克人的草药治疗著作，编纂于 16 世纪，它包含了使用可可花来缓解足痛和缓解疲劳的处方。而《佛罗伦萨药典》（*Florentine Codex*）是一份研究报告，也出自 16 世纪，收藏在佛罗伦萨的劳伦森图书馆，记录了早期的美索不达米亚文化，它建议使用玉米、可可和草药 "tlacoxochitl"（*Calliandra anomala*）来治疗发热和呼吸困难，并称这些草药还有助于治疗心脏疾病。[23]

阿兹特克人将巧克力与血液等同，因为它们都是强大的可赐予生命的液体。当时的人们有时会用胭脂树的种子（achiote）将巧克力染成红色，用于治疗大出血。[24] 在近代早期，欧洲的传教士和南美洲的殖民当局认为可可具有强大的药用性能。16 世纪 80 年代，在巴拉圭工作的耶稣会修士记录了 "可可的优点"，其中包括它对胃病、肝病和哮喘等各种疾病的治疗作用。[25]

胡安·德·卡尔德纳斯（Juan de Cárdenas）于 1591 年发表了关于"新西班牙"的著作，书名被翻译为《印度群岛的奇闻轶事和秘密》（*Wonderful problems and Secrets of the Indies*）。该书引出了墨西哥添加到巧克力中以达到不同效果的所有成分：

第一种加入这种饮料的香料被印第安人称为"gueyncaztle"，西班牙人称为"耳朵花"。因为它有着良好的香味，它给这种饮料带来了令人愉悦的香气，因此，这种饮料增强并舒缓了生命的本质，有助于培养精气神。

它也有非常令人愉悦的味道，使得添加了它的饮料对人更加有益——第二种被加入可可饮品中的是"mecasuchil"，这是一些小枝棒或线状物，呈棕色，很细，由于它们的形状像细线，因而得其名，意思是"线状的玫瑰"。

排在第三位的是"tlixochil"，这是一种柔和而细腻的香料，在我们的语言中称为芳香香草，因为它们实际上是长而呈棕色的香草豆荚，里面装满了黑色的种子，但比芥末的种子少。它们与麝香和琥珀不相上下，都为巧克力增加了一种非常柔和和温润的香气，因其温和友好的特性，它比其他所有香料更受人们青睐。

胭脂树的种子（achiote）也被视为一种香料，因为它在可可饮料中的药用价值与芳香价值不亚于豆蔻干籽（Cardamom），它被加入可可饮料是为了赋予其漂亮的红色，并为饮用者提供滋养和增肥的作用。有的人倾向于把各种香料都添加进巧克力里，如果他们感觉胃或腹部寒冷，还会加入烤辣椒和一些干香菜籽的粉末。[26]

顺便提一下，Gueyncaztle 又称为耳朵花，其学名为圣耳花（*cymbopetalum*），由该植物的干燥花瓣制成，至今在危地马拉的许多地区仍然被作为香料栽培。

•••

历史上首个关于巧克力的英文文献是《巧克力的性质与质量》（*A Curious Treatsie of the Nature and Quality of Chocolate*），由安东尼奥·科尔梅内罗·德·莱德斯玛（Antonio Colmenero de Ledesma）所著的西班牙语著作翻译而来。第二本书于 1652 年由詹姆斯·沃茨沃斯（James Wadsworth）船长翻译，书名为《巧克力：或一种印第安人的饮料》（*Chocolate: or,An Indian Drink*）（印第安人指美洲原住民）。

这本书由约翰·达金斯（John Dakins）在伦敦的霍尔本出售，当时他还同时经营药品生意，这在 17 世纪显然是常见的零售组合。达金斯和沃茨沃斯将书与巧克力一起销售，销售的噱头是巧克力的药用特性。[27] 这引发了当时书商之间的流行做法——购买一本书，同时赠送一块巧克力。

医生亨利·斯塔布（Henry Stubbe）在 1662 年的著作中甚至推荐将巧克力作为治疗认知问题的药物，认为它能有效地治愈"未婚年轻人的热症和大脑狂躁"。斯塔布声称自己见证了"疯子"和患有抑郁症的人通过正确使用巧克力得到了治愈。[28] 他的著作《印第安花蜜：关于巧克力的论述》（*The Indian Nectar: A Discourse Concerning Chcocolata*）还宣称，驻扎在牙买加的英国陆军士兵从巧克力中获益匪浅："将可可豆用糖融化后加水，不需要其他食物，他们通常以此为食，有时可以维持很长时间。我确信，印第安女人就常常以此为食，所以她们几乎一周不吃两顿以上的肉类，而她们的体温和力量却并无减退。"

斯塔布还提供了其他在新大陆工作的医生的文献证据，证明了巧克力的医用价值。根据在秘鲁工作的"博学的"医生罗布雷兹（Roblez）的观察，他们将可可豆悬挂起来晾干，然后将其煮沸直至呈现为白色黄油状物，再在陶瓷炉中烘烤，而后与肉桂、丁香和茴香混合，再加上几磅的可可豆，最后将这种混合物磨成糊，制成膏状，或者加入液体混合成饮料。这种饮料被称为"皇家巧克力"，供贵族和高级官员享用。

罗布雷兹还观察到有人会将玉米粉或杏仁添加到巧克力糊中，尽管当时的人们认为这样处理过的巧克力不好保存。而秘鲁的一些社区选择将胭脂树的种子（achiote）加入可可糊（一种墨西哥香料和着色剂，常用于制作辣香肠）中，认为这样可以起到很好的利尿作用。罗布雷兹还观察到晚上喝巧克力会让人保持清醒，这就是为什么巧克力饮料对士兵和警卫人员尤其有益。他还推荐将可可脂用于治疗烫伤、肿瘤甚至天花，因为他认为可可脂可以舒缓和消除烫伤、色斑或皮疹。这在很大程度上证实了如今我们对巧克力的了解：其含有的丰富咖啡因能起到兴奋剂的作用，同时还是一种有效的泻药。

另一位专家尼卡修斯·勒·费比尔（Nicasius le Febure）也被斯塔布收录在他的书中。费比尔是法国宫廷的药剂师，后来被任命为国王查理二世（Charles II）的化学教授，他与国王的御医夸特梅因（Quartmaine）医生保持着良好的关系，夸特梅因医生推荐使用可可黄油（可可脂）经融化后涂抹在肛门周围，以治疗痔疮。夸特梅因医生对这种方法深信不疑，他认为这一方法不仅可治愈痔疮，而且可确保其不再复发。勒·费比尔与斯塔布一样，认为巧克力应该作为治疗"忧郁症"（或我们今天所称的"抑郁症"）的方法。[29]

然而，正是安东尼奥·科尔梅内罗·德·莱德斯玛首先向欧洲人介绍了巧克力的药用特性，他于 1631 年出版了《巧克力的性质与质量》。作为一名西班牙医生，安东尼奥先生对可可的特性尤为着迷，他曾写道：

> 巧克力有助于保持健康，常饮巧克力的人会变得丰满且貌美可人，它还能强烈地激发性欲，使女性更容易怀孕，同时还可促进和帮助分娩。巧克力对消化也有极好的帮助，能治愈肺痨病、咳嗽、新病害（The New Disease）或肠道传染病以及萎黄病、黄疸病和各种炎症、南美锥虫病和梗阻。它可以完全清除疤痕，清洁牙齿，清新口气，利尿通便，治疗尿道结石和尿痛，排除体内毒素，预防所有传染病。

安东尼奥甚至贡献了可能是最早的真正巧克力药用配方之一，并详细介绍了制备过程中每个步骤的重要性。下面是他在 1644 年出版的第二本书《巧克力：或一种印第安人的饮料》（Chocolata Inda: Opusculum de qualitate et natura Chocolatae）中所提供的较为冗长但必不可少的制作完美巧克力的方法。

安东尼奥的巧克力饮料食谱

每 100 颗可可豆，必须加入 2 个智利长红辣椒（我之前提到过的，印第安人称为 Chilparlagua），如果没有印第安辣椒，也可以使用西班牙辣椒，该辣椒更宽且不那么辣；1 把茴香籽（也称为 Pinacaxlidos）；如果要治疗便秘，还可以加入 2 朵名为 Mechasuchil 的花。如在西班牙，可以用以下配料取而代之：6 朵亚历山大玫瑰花磨成粉末；1 份坎佩切（Campeche）洋苏木；2 份肉桂；杏仁和榛果各 12 粒；1/2 磅白糖；足够给巧克力上色的胭脂树种子。如果没有印第安人的这些东西，也可以使用你能找到的其他配料来制作。

配料的混合方法

可可豆和其他配料必须在石钵中捣碎，或者在印第安人称为"Metate"的专用宽石上磨碎。方法是，首先将配料除了胭脂树种子外都晾干，然后小心将它们捣碎成粉末，同时不停地搅拌，以免变焦或变黑，因为如果它们过度干燥，就会变苦，丧失其应有功效。肉桂、长红辣椒和茴香籽应首先一起捣碎，再捣碎可可豆，使之变成粉末。在捣碎过程中不时旋转容器，以便更好地将其混合。每种配料都捣碎后，将所有配料放入可可豆所在的容器中，用勺子搅拌在一起，然后将该混合物取出，放入锅中，置于小火上。必须非常小心，火不要过大，以免油脂部分干掉。在捣碎过程中加入胭脂树种子时要格外小心，以便成品能更好地上色。除了可可豆外，所有配料都必须过筛。如能去掉可可豆的外壳，则更好。当配料被充分捣碎并混合在一起（可以通过它的形态黏稠程度来判断）时，用勺子舀起一些非常黏稠的面糊，将其制成片块状，或将其放入盒子中，面糊在冷却后会变硬。制作片块状巧克力时，务必将一勺面糊铺放在一张纸上，就像印第安人将巧克力糊放在香蕉树叶子上一样。成品放置在阴凉处，会自然变硬。当你将纸折弯时，片块状的巧克力就会由于面糊的油性而掉落。但如果将其放在土制或木制的容器中时，它会粘得很紧，不易脱落，只能用力刮或打碎才能取下。

在印第安人传统中，他们有两种不同的方法来饮用巧克力：一种是常规方法，即与玉米粉一起加热，这是古代印第安人的饮料（印第安人称玉米粉为"pappe"，用玉米花制成，为了使玉米粉更有益于健康，他们去掉了玉米的碎须，否则那些碎须会随风飞扬，令人不快，这样就只剩下玉米最好和最有营养的部分）。我要说的是另一种更现代的西班牙人常用的巧克力饮用方法，其中又分两种，一种是用冷水溶解巧克力，并去除碎渣，倒入另一个容器中，然后加糖并放于火上加热，变热后倒入之前去除的碎渣，然后饮用；另一种是先将水加热，然后将适量巧克力放入锅中或盘中，用少量温水化开，再用搅拌器把它磨细，磨细后将剩下的温水倒入，然后加糖饮用。

除了上述方法，还有另外一种饮用方式，把巧克力放入小罐中，加入少许水，将其充分煮沸，直至巧克力溶解，然后根据巧克力的分量加入足够的水和糖，再次煮沸，直到上面冒出油脂般的泡沫，即可饮用。注意如果火太大，它很容易溢出。但我认为这种方式并不太健康，尽管它可能更合人们的口味，但因为其油脂和残渣容易分离开来，残渣留在底部会让人讨厌，而油脂部分则会使胃松弛，影响食欲。还有一种饮用巧克力的方法，即冷饮法，人们常在宴会上用它来提神。制作方法如下：将巧克力溶解在水中，用搅拌器除去浮渣或浑浊的部分，这些浮渣在可可豆过热、变质时会产生更多。可将浮渣单独放在小碟子里，在滤过浮渣的部分中加糖，然后从高处将此糖水倒入小碟子里的浮渣中，即可当冷饮饮用。这种饮料非常凉，并不适合所有人的肠胃，因为根据经验我们发现它可引起胃痛，尤其是对女性。我可以解释其原因，但此处不赘述，毕竟还是有人喜欢这种饮用方法。

还有一种冷饮方式，称为 Cacao Penoli。它的做法是：将与前述制作过程相同的巧克力加入同样多的去除了细须的玉米，晾干并磨细，然后在锅中与巧克力充分混合，直至混合物变成粉末状，然后将这些东西混合在一起，如前所述，也会产生浮渣，按前述方法饮用即可。

还有一种更简单、更快捷的制作方法，适用于没有时间烹饪的忙碌的商务人士，它更健康，也是我常用的方法。首先将适量水加热，在加热水的同时，将一块巧克力或一些研磨并加过糖的巧克力放入一个小杯子中，当水变热时，将水倒入巧克力中，然后用搅拌器溶解，不去除浮渣，按前述方法饮用。[30]

第一代桑威奇伯爵爱德华·蒙塔古（Edward Montagu）是17世纪60年代英国驻西班牙大使，他也写了大量关于巧克力的文章。凯特·洛维曼（Kate Loveman）博士在桑威奇伯爵的日记中发现了一系列巧克力食谱，这些食谱是在他在17世纪60年代担任特命大使期间对这种饮料产生迷恋后写下的。他对巧克力的商业潜力尤其感兴趣。

第一代桑威奇伯爵的冰巧克力食谱

准备好巧克力，将盛有巧克力的容器放入装有雪块和适量盐的罐中，搅拌并不时地摇晃雪块，这样会使巧克力与雪块融合成柔软的糊状物，然后即可用勺子食用，还可以搭配那不勒斯手指饼干一起享用。这种方法在夏天的炎热天气中非常受欢迎，但被认为并不健康，为了更加安全，在食用冰巧克力之后的 15 分钟内最好再喝些热巧克力。[31]

桑威奇伯爵还透露，查理二世国王曾为了一种珍贵的香料和香氛巧克力 "蛋糕" 食谱支付了惊人的 200 英镑。该食谱包括 3 磅重的可可豆、牙买加胡椒油、茴香籽、肉桂、豆蔻油以及几内亚胡椒，可制成便于储存的固体巧克力块，还可将可可豆、糖、香草、麝香糖、龙涎香和麝猫香加入这些巧克力块中，以进一步增强口感。[32]

在 17 世纪，备受尊敬的医生和医学作家爱德华·斯特罗瑟（Edward Strother）写道，阿姆斯特丹的药剂师用松子油和松仁来制作巧克力，以帮助刺激乳汁分泌和精液产生。[33]他在 1718 年的著作《临界温度：发热评论》（Criticon Febrium, or A Critical Essay on Fevers）中也赞扬了用巧克力刺激精液生成的作用。约翰·利克（John Leake）提出了一种听起来不太好吃的组合，即将贝壳石灰水、牛奶或一勺杏仁皂溶解在半品脱 "淡" 巧克力中，每天食用 2 次，可以缓解胆结石或肾结石。[34]

巧克力的广受欢迎不仅体现在早期著作和食谱中。1660 年，亨利·霍尔（Henry Hall）写了以下的诗篇《东印度巧克力饮料的优点》（The

Vertues of Chocolate East-India Drink），将巧克力奉为几乎可以包治百病的神药，甚至包括促进生育能力。

> 这种令人愉悦的饮料能够保持健康，避免疾病，治疗肺痨病和咳嗽；它能排除毒素，清洁牙齿，使口气芬芳；促进排尿；治疗肾结石和尿道结石；使人体魁梧健美，容貌美丽可人；治疗腰酸背痛等种种疾病。

根据以下诗句的描述，巧克力还能治疗不孕不育：

> 女性不必再忧伤，
>
> 耗尽青春却难怀孕，
>
> 巧克力是一个立竿见影的帮助，
>
> 只需舔一口即可如愿。[35]

根据他日记中的淫秽描述，塞缪尔·皮普斯（Samuel Pepys）似乎在性方面并不需要什么帮助。1661 年，在查理二世国王加冕典礼之后，他记录自己喝了一杯巧克力，以帮助胃肠消化：

> 早上醒来时，因为昨晚的饮酒，我的头很不舒服，我为此感到非常抱歉。于是起身和克里德先生一起出去喝我们的晨饮，他给了我一杯巧克力来缓解我的胃部不适。[36]

在接下来的一个世纪，巧克力继续因其药用价值而被研究、描述和推崇。医生兼博学者约翰·阿伯特诺特（John Arbuthnot）在其著作《疾病本质论》（*An Essay Concerning the Nature of Ailments*）（J. Tonson，伦敦，1731 年）中这样描述：

> 巧克力显然是这三种异国情调饮料中最上乘的，它的油似乎既富含营养，又具有镇痛作用。因为可以从可可豆中提取一种与甜杏仁一样细柔的油，印第安人用这种油来制作面包。这种油与其自身的盐和糖结合在一起，使其具有肥皂和清洁剂一样的特性，因此在某些情况下，它常可帮助消化和刺激食欲。当它与香草或香料混合时，还获得了芳香精油的优缺点，这些特性在某些情况和体质下是适宜的，而在其他情况下则是不适宜的。[37]

在德·切卢斯（De Chelus）的《巧克力的自然历史》（*The Natural History of Chocolate*）（1724）中，他提出了 4 种巧克力作为药物的应用方式，其中之一是作为通便剂。排毒通便是从中世纪一直流行到 20 世纪初的一种治疗方法，用于清除身体中的各种毒素。几个世纪以来，人们制售各种混合了多种草药和植物的药水，用以清洁身体。德·切卢斯还建议将巧克力与墨西哥一种藤蔓植物根部提取的强效药物 "jalop" 混合在一起，他宣称："我对此有很多经验，这是一种不会引起腹泻的良好通便排毒药。" 德·切卢斯嘲笑那些无视这种做法的思想陈旧的人，尤其是那些仍然偏爱使用千足虫粉、蝰蛇粉和蚯蚓粉作为治疗方法的人。我认为，这在 18 世纪初可谓是非常具有前瞻性的言论。[38]

这种关于巧克力修复功效的理论一直延续到 19 世纪，当时奥古斯特·德拜（Auguste Debay）声称，一种由可可、糖和酒精等制成的香脂可以成功地缓解梅毒。在法国，巧克力在许多药用配方中被广泛使用，甚至远远超过了英国。有时人们会将巧克力与铁或镁一起作为滋补品使用，或者与某些特殊的苔藓混合在一起，用于辅助治疗呼吸道感染。当与奎宁合用时，人们认为巧克力可以减轻消化不良或缓解消化不良的症状。通常将墨西哥藤蔓植物（又称 Mexican vine）根部的提取物 "jalop" 与巧克力合用作为泻药，这也是德·切卢斯认可的做法。但最受欢迎的巧克力混合产品是加了鱼肝油的巧克力，这是由法国下塞纳（Seine-Inférieure）医学会强烈推荐的方法，因为它可以很好地掩盖鱼肝油令人不快的口感。[39]

随着 20 世纪的进展，巧克力在治愈和缓减症状方面的声誉似乎完全没有下降。1929 年，伦敦梅菲尔地区的一家糖果商透露，他的账簿上有约 2000 名老顾客，他们定期购买巧克力作为药物使用。其中许多人是退伍军人，他们经常购买巧克力硬糖或巧克力片作为抑制酒瘾和烟瘾的一种方式。[40] 糖片这种形状在当时似乎时常被用于其他药物，正如科德尔（Coderre）博士的蠕虫糖片暗示的那样。这些糖片被宣传是："用途最广泛、最合理的驱虫药。它能在不造成任何伤害或副作用的情况下彻底消灭蠕虫。这种体积很小的巧克力糖片被认为是孩子最好和最简单的喂药方式：小巧易服，美观可口。"[41]

•••

第二次世界大战后，巧克力被普遍认为是缓解压力的一种疗法。比如弗莱巧克力公司的广告中，一个小男孩在收到巧克力棒后，脸上展现出从绝望到狂喜的五种表情。[42]

生物医学科学的变化和研究方法的新变革促使人们对巧克力开展了随机试验，以评估巧克力的真正优势。可可脂被认为是一种对皮疹、嘴唇干裂和乳头皲裂颇有益处的润滑剂。一个比较大胆的主张还认为可可脂可以通过涂覆牙齿和抑制牙菌斑来预防蛀牙。

所有早期将巧克力当作泻药的认知也延续到了 20 世纪，各种保健补品和饮料逐渐发展到一种更合理的"巧克力科学"的层次。

墨西哥的一个名为切兰的小镇在建立现代医学的同时，至今仍在实践着古老的治疗艺术。当长时间难产的情况发生时，当地的助产士通常会给产妇喝加了水和糖的热巧克力，然后按摩产妇腹部来帮助促进分娩。[43]

然而，并非所有社会都认同巧克力的治疗效果。在牙买加的某些地区，人们认为可可和巧克力会腐蚀骨骼，这个理论可能源于巧克力的草酸含量，当草酸与钙结合时会形成草酸钙，这可能导致体内钙的流失。在 20 世纪 70 年代，牙买加人强烈主张将当地儿童的巧克力摄入量减少到每天一块。

在我进行本书的调查研究期间，我了解到的最奇特的疗法之一是，在德国一个风景如画的小村庄里有一个名为"巧克力疗法"的庇护所，目的是帮助那些难以增加体重的人们。患者们每天一边吃喝巧克力，一边欣赏着美景，以图增加他们手臂、脖子、肩膀等部位的围度。这种美事可能听起来过于美好，同时，我对一些人们绞尽脑汁寻求增重方法也感到深深不安。[44]

我还想推荐一款巧克力蛋糕来帮助解决这个问题，这是我和我儿子都爱吃的蛋糕，在我们家，若要优雅地分享这种蛋糕是具有一定挑战性的。以下是一份早期美国风格的巧克力软糖蛋糕食谱，创于 1917 年。

巧克力软糖蛋糕食谱

将 2 汤匙黄油、3 个蛋黄和 $1\frac{3}{4}$ 杯砂糖混合搅拌，再加入 1/4 磅苦巧克力粉、3/4 杯牛奶、1/2 杯切碎的坚果、$1\frac{1}{4}$ 杯面粉、2 茶匙香草精、1/2 杯葡萄干、$1\frac{1}{2}$ 茶匙发酵粉（或小苏打），最后加入打发的 3 个蛋白。烘焙后切成方块。

巧克力软糖糖霜制作：

将 1/4 磅巧克力粉、3/4 汤匙牛奶、1 杯砂糖混合，煮至浓稠，加入 4 汤匙奶油，再加入足够的糖粉（糖霜），直至达到适当的浓稠度。最后添加切碎的坚果（核桃或山核桃）和 2 汤匙香草精。[45]

冒险家与巧克力

摄影师弗兰克·赫利（Frank Hurley）曾与其他前往南极的探险队一起，参加了 1914 年沙克尔顿（Shackleton）（译注：英国南极探险家，1874 年生于爱尔兰，因带领"猎人"号船于 1907—1909 年向南极进发和 1914—1916 年带领"坚韧"号船的南极探险而闻名于世）率领的那次悲剧性航行。他写到，在这些探险中，赌博是一种受欢迎的消遣方式，而巧克力和蜡烛通常是主要的物物交换货币。[46]

巧克力是一种滋养性食物，经常出现在与伟大探险、冒险和危险旅程有关的日志中。据记载，罗伯特·法尔孔·斯科特（Robert Falcon Scott）船长在新年前夜用一根巧克力棒来庆祝新年，他还曾在生日上收到一块装饰着"各种各样的巧克力图案"的蛋糕。在斯科特 1912 年南极之旅后，他在日记中也提及巧克力是必备供应品。[47]

2017 年，人们在南极的一个废弃小屋里发现了一块包装完好、裹着纸被装在罐头里的水果蛋糕。这块蛋糕由亨特利和帕尔默公司制作，被发现时处于"几乎可以食用"的新鲜程度。这块蛋糕可以追溯到斯科特的特拉诺瓦的那次探险。[48]或许当年斯科特收到的生日蛋糕也是类似的水果口味？考虑到其保存年限，这种猜测是有一定道理的。被发现的蛋糕上只是简单地用巧克力进行了表面装饰，可以为生日这样的场合增色。

下面是来自范妮·法尔默·梅里特（Fannie Farmer Merritt）的巧克力水果蛋糕食谱，她是 20 世纪初在美国烹饪界占主导地位的红发老处女。在波士顿烹饪学校接受过培训的她后来在那里任教，并于 1902年开设了自己的培训中心。在那个许多人都很拘谨的时代，范妮对食物充满创意热情。她还深受身体残疾的困扰，这使得她的成就更加引人瞩目。受前面提到的斯科特巧克力水果蛋糕的启发，我在此将她的食谱一并列出。

此外，我还列出了范妮·法尔默的白山奶油糖霜食谱，可用来装饰做好的蛋糕。

巧克力水果蛋糕食谱

1/3 杯黄油，1 杯糖，1/4 杯早餐可可粉，3 个蛋黄，1/2 杯冷水，1/2 杯面包粉，3 茶匙泡打粉（英国读者可用小苏打粉），1 茶匙肉桂粉，1/4 茶匙盐，1/3 杯蜜饯樱桃，1/3 杯葡萄干，1 $1/2$ 大勺白兰地，1/3 杯核桃碎，3 个蛋白，1 茶匙香草精。

制作方法：

用白兰地浸泡水果，静置数小时。按给定顺序混合所有配料，倒入深烤盘，烘烤 50 分钟。覆盖上"白山奶油糖霜"，等糖霜凝固后，用融化的巧克力尽量薄地涂抹在上面。[49]

白山奶油粮霜制作：

1 杯糖，1/3 杯沸水，1 个鸡蛋清，1 茶匙香草精或 1/2 大勺柠檬汁。

将糖和水放入锅中，搅拌，以防止糖粘附在锅上。逐渐加热至沸腾，并在不搅拌的情况下煮沸，直到糖浆从勺子尖端或银叉齿间流下时呈丝状。将糖浆逐渐倒入打发的蛋白中，不断搅拌混合物，直至达到适合涂抹的合适浓稠度。然后加入香草精，倒在蛋糕上，用勺子背面均匀涂抹。如果搅拌时间不够长，糖霜会流淌；如果搅拌时间太长，涂层会变得不平滑。搅拌时间过长的糖霜可以通过添加几滴柠檬汁或沸水来改善。[50]

在 1910 年，由史密森学会（译注：1846 年创建于美国华盛顿，是唯一由美国政府资助、半官方性质的博物馆机构）赞助的美国前总统西奥多·罗斯福（Theodore Roosevelt）进行了一次探险之旅，他经常给随行的非洲猎人送上色彩缤纷的巧克力包装纸，因为猎人们对此非常着迷。令人遗憾的是，这次旅程可谓既是罗斯福的探索之旅，又是他对大型野生动物的狩猎之旅。[51]

早期的美国总统在历史上都有一些冒险故事。1803—1806 年的探险队由梅里韦瑟·刘易斯（Meriwether Lewis）和威廉·克拉克（William Clark）领导，是由当时的总统托马斯·杰斐逊（Thomas Jefferson）派遣的，旨在在密西西比河以西的新领土上宣示美国的铁腕主权，同时研究当地的植物和动物，并与美洲原住民部落进行贸易谈判。1806 年 9 月 6 日，刘易斯和克拉克从一艘商船上用海狸换取了帽子，用皮革换取了亚麻衬衫。几个星期后，他们又用巧克力、糖、威士忌和饼干（类似于烤饼）换取了蒙丹部落的玉米，因为"我们的队伍需要"。[52]

刘易斯和克拉克的队伍中还有其他成员（包括一名女性），他们在化解探险中遇到的险境中发挥了重要作用。队员们的日记中有这样的记录："克拉克队长感觉不舒服，于是为他取了一些麦克莱伦先生（一位美国陆军的前侦察员）赠送给我们的巧克力，他吃后不适得到很大缓解。"[53]

1803 年，美国从法国手中购买了路易斯安那领地，这个州以其文化多元的美食而闻名。道贝奇蛋糕是由路易斯安那州的一位糕点师发明的，是匈牙利的多博什蛋糕的改良版，是一种夹有巧克力和奶油的层叠海绵蛋糕。路易斯安那州版蛋糕的原型——多博什蛋糕的配方如下：

多博什蛋糕食谱

底层蛋糕的做法与海绵蛋糕类似：

7 个鸡蛋，1/2 磅糖，1/2 磅面粉，1 茶匙香草精。

将鸡蛋和糖一起打发，直至变得非常蓬松；然后小心地加入面粉，不要搅拌。再加入香草精。

在平坦的纸上画 9 个直径为 8 英寸的圆圈。涂抹黄油在纸上，并将纸放在大烤盘上。在每个圆圈的中心，用糕点袋挤入 1/9 的蛋糕面糊，小心地将其平铺至圆圈的周围，然后放入烤箱烘烤。

巧克力奶油馅料制作：

1/2 磅奶油，1/2 磅糖，4 个蛋清，2 盎司黑巧克力。

将糖煮成糖浆，缓慢地倒入打发的蛋清。加入融化的巧克力，让其冷却。然后慢慢地将已经打发成软奶油的黄油混合其中。将此混合物与煮沸的蛋奶布丁按 1/3 比例混合。

用巧克力奶油将蛋糕层粘合在一起。用焦糖脆糖衣覆盖顶部，用糖和水煮至形成一层薄脆糖衣，将焦糖脆糖衣倒入涂抹黄油的与蛋糕大小相同的平底锅中。用刀在上面划分任意数量的小块，将这些小块放在蛋糕的顶部，使其看起来像被标记了一样。用巧克力奶油覆盖蛋糕的侧面，并用糖霜装饰顶部，将顶部划分成不同的部分并制作花边。用巧克力碎装饰蛋糕的侧面。[54]

经验丰富的探险家查尔斯·弗朗西斯·霍尔（Charles Francis Hall）曾与因纽特人社群一起生活在北极地区，他后来成为1871—1873年备受争议的极地探险船"北极星"号的指挥官。

尽管他有出色的资历，但他并非一位优秀的领导者，也没有得到全体船员的尊重，其中许多人很快分裂成支持霍尔和不支持霍尔的两派。更令情况复杂的是，德国研究员和医生埃米尔·贝塞尔斯（Emil Bessels）也是科学组的一员，同时还是探险队的医生，据传他曾与霍尔同时爱上了一个女人。

霍尔在喝咖啡后神秘地生病了，他很快指责某些船员企图谋杀他，几天后，他伴随着呕吐和幻觉死去了。

在霍尔死后，"北极星"号遇到流冰的威胁，一些船员弃船而逃，剩下的人被一艘捕鲸船救起。弃船而逃的人最终也被救起。

船员约翰·赫伦（Jonh Herron）是漂浮在浮冰上的一员，他的日记揭示了他们遭遇的惊心动魄的故事：

> 10月15日，西南方刮大风暴，船被牢牢困在浮冰中。冰山猛烈撞向船，我们以为它要沉下去了。我们抛出给养，19个人站在浮冰上接住，并把掉在水里的给养拉回冰面。一座大冰山飘来，撞上浮冰，将浮冰撞碎，解放了困住的船。随后船在5分钟内就消失在我们视线里。我们漂浮在不同的冰块上。我们共有两艘船，我们的人被救起，我也在其中。我们在浮冰上上岸后，发现浮冰上有很多裂缝。几乎没有抢救出多少给养。

他继续写道：

> 11 月 28 日星期四，今天是感恩节，我们吃了一顿大餐——4 品脱罐装的人造龟汤，6 品脱罐装的绿玉米，制成斯考奇（scouch）（译注：一种食物）。下午，还有 3 盎司面包和最后一点巧克力。这是我们一天的盛宴。一切安好。[55]

助理领航员乔治·泰森（George Tyson）也在赫伦受困的队伍中，他的日记显示，10 月 23 日列出的最初食品清单包括大约 20 磅与糖混在一起的巧克力，里面还有老鼠"安营扎寨"。他们将巧克力与咖啡一起饮用，用平底锡盘在火上胡乱地烹制。[56] 我们还从赫伦的日记中得知，仅仅一个月后，在感恩节盛宴后，巧克力就吃光了。

那查尔斯·霍尔（Charles Hall）呢？经调查人们得出结论，认为他最后死于中风。他的传记作者查恩西·卢米斯（Chauncey Loomis）于 20 世纪 60 年代从北极地区挖掘出他的遗体，尸检显示，霍尔的尸体里含有砷，证明他其实死于砒霜中毒。

●●●

不仅陆地上的探险家们广泛应用巧克力，航空先驱阿梅莉亚·埃尔哈特（Amelia Earhart）在她 1932 年独自横越大西洋的飞行中，也曾靠番茄汁和几块巧克力来维持体力。她还畅饮她热水瓶中储存的热巧克力。[57]

艾米·约翰逊，选自 E. 罗伊斯顿·派克（E. Royston Pike）所著的《我们的一代》，
伦敦威弗莱图书公司出版于 1938 年

[译注：艾米·约翰逊（Amy Johnson）是英国传奇女飞行员，1930 年 5 月她驾驶一架
教练机从英格兰出发，历时 19 天半抵达目的地澳大利亚，成为历史上第一个独自从
英格兰飞往澳大利亚的女性飞行员。其在航空史上的地位相当于美国的埃尔哈特]

　　在 1928 年的第一次团队横越大西洋的飞行中，她和飞行员威
尔默·斯特尔兹（Wilmer Stultz）以及副驾驶刘易斯·戈登（Louis
Gordon）为了等待适合飞行的天气足足用了 13 天。阿梅莉亚成为第一个
横越大西洋的女飞行员，但与斯特尔兹一起飞行是非常有压力的，因为他
的酒精依赖问题严重影响了他的日常生活，并且威胁着整个探险计划。当
最后离开纽芬兰时，他们的补给品包括炒鸡蛋、三明治、咖啡、橙子、巧
克力和麦芽奶片。[58]

埃尔哈特在 1937 年的环球飞行中失踪，这一著名事件一度成为传奇，并引发了美国海军历史上最大规模的海上搜救行动。

埃尔哈特失踪前最后一次由她的飞机"伊莱克特拉"号发出的位置报告来自太平洋中部，她的声音听起来紧张而焦虑："我们位于 157 度至 337 度的航线上。将在 6210 千赫的频率重复这条消息。等一下，收听 6210 千赫。我们正在南北方向飞行。"自那之后，当调度人员再次呼叫埃尔哈特回复时，便再没有得到反应。埃尔哈特和她的导航员弗雷德·努南的遗体和飞机都没有找到。

埃尔哈特在其职业生涯中赢得了许多奖项，包括国家地理学会的特别金质奖章。一篇法国报纸的文章大胆地讨论了这一点，对她的成就给予肯定，但质疑"她会烤蛋糕吗？"埃尔哈特在 1932 年在接受"杰出美国女性"奖时发表的演讲中的回应是："所以我代表蛋糕烘焙师们和所有其他能做同样重要，甚至比飞行更重要的事情的女性，并代表今天的女性飞行员们接受这一奖项。"[59]

以下是一份来自埃尔哈特演讲同年的巧克力蛋糕食谱。也许她可以在忙于改变国际航空史的闲暇中试着烤一下：

巧克力蛋糕食谱

需要煮熟备用的混合物：

1/2 杯牛奶，1/2 杯糖，3 块巧克力（煮至巧克力融化，然后煮沸并冷却），1/2 杯黄油，1 杯糖，3 个鸡蛋，1/2 杯牛奶，2 杯面粉，3/4 茶匙小苏打，1 茶匙塔塔粉。

制作方法：

将黄油搅成奶油，逐渐加入糖，搅打至轻盈蓬松。逐个加入鸡蛋，搅打

> 均匀。将面粉、小苏打和塔塔粉一起过筛，与牛奶交替加入混合物。加入煮熟的混合物，全部搅拌均匀。在涂了油的长方形烤盘中烤熟。[60]

1953 年，埃德蒙·希拉里（Edmund Hilary）爵士和丹增·诺尔盖（Tenzing Norgay）登上珠穆朗玛峰顶峰时可能分享了薄荷蛋糕作为庆祝，但是在旅程的一开始，他们向神祈祷时献上的祭品却是巧克力。[61]

前时尚编辑、社交名流和登山家桑迪·皮特曼（Sandy Pittman）是 1996 年珠穆朗玛峰灾难的幸存者之一。在当年 5 月 10 日至 11 日，共有 8 人在登顶过程中丧生，这主要是由于严重的暴风雪、固定绳索的失误和氧气短缺所致。

皮特曼最初一掷千金，希望成为第一个攀登"七大洲最高峰"的美国女性，但在 1994 年，她被一位阿拉斯加女登山家击败，未能实现当初的目标。皮特曼决心成为第二个登顶的女性，并在 1996 年再次冲击攀登珠穆朗玛峰。在登山前，她向美国广播公司（NBC）透露，她随身携带了以下物品：

> 2 台 IBM 笔记本电脑，1 台录像机，3 台 35 毫米相机，1 台柯达数码相机，2 台录音机，1 个 CD-ROM 播放器，1 台打印机，以及足够为整个旅程供能的太阳能板和电池。由于我们要在复活节登上珠穆朗玛峰，所以我带了 4 个包装好的巧克力彩蛋。在海拔 18000 英尺的地方举行复活节蛋猎？让我们拭目以待！[62]

乔恩·克拉克（Jon Krakauer）的书追述了灾难的前后经过，还暗示皮特曼并不总是受到同伴的尊重，尽管她的队友中有人赞扬了皮特曼的热情性格和积极的天性，但她还是由于缺乏登山技巧、不懂礼仪和大胆行为而受到一些队友的批评。我不确定他们最后是否吃了那些复活节彩蛋。

以下是一篇 20 世纪 50 年代的巧克力彩蛋食谱：

巧克力彩蛋食谱：

2 杯糖粉（细磨砂糖），1 个鸡蛋清，水，2 茶匙香草精，融化的巧克力。

将糖粉筛入一个碗中，将蛋清和等量的冷水打发后加入糖粉中，加入香草精，搅拌直至混合物成为奶油状（混合物应该非常硬，达到快无法继续搅拌的程度）。

用手捏成一个大的复活节巧克力彩蛋，涂上融化的巧克力，放置一边等待凝固。[63]

巧克力与迷信、习俗和魔法

无论疯狂还是差不多合乎逻辑，巧克力与迷信有着难解难分的联系，这也许源自巧克力的古老历史，那时异教仪式和非理性信仰是社群凝聚力的来源。关于巧克力的热情习俗和复杂的制作过程，对于欧洲人来说一定显得奇异而富有异域风情。例如，在 18 世纪的意大利，年轻人被禁止在早晨喝巧克力，因为人们认为这会损害他们的牙齿和体质。[64] 玛雅和阿兹特克文化认为可可是神圣的，它被用于许多祭祀仪式。正是这种与神秘主义和古老魔法的关联，使巧克力的神秘感在各个时代持续传承。即使在今天的南美某些地区，有些人仍然延续着解读饮剩杯底的巧克力渣的占卜传统，而不是像一些其他文化那样去解读杯底剩下的茶叶。他们在饮完巧克力后，会将杯子倒置，观看巧克力渣形成的图案，认为这些图案可以预示未来的运势。

可悲的是，西班牙征服者焚毁了许多阿兹特克人画在布或皮肤上的象形文字，这些文字记录了他们与巫术有关的行政记录。《门多萨手抄本》（ The Codex Mendoza ）创作于 1541 年西班牙征服后不久的墨西哥。该手抄本由学者们精心创作，可能是受新西班牙总督安东尼奥·德·门多萨（ Antonio de Mendoza ）委托，以传统记录方式记录了阿兹特克人的历史。它主要由贡书卷轴组成，自 17 世纪中期以来一直由牛津大学博德利安图书馆保管。手抄本中提到了可可的重要性、耕种收获过程以及其作为物物交换货币的价值，例如，一只火鸡母鸡价值约 100 颗可可豆，而一个西红柿的价值相当于一颗可可豆。

《门多萨手抄本》还记录了可可豆被研磨、浸泡和过滤的过程。加入水后，得到一种呈红棕色、苦涩的液体，可以加入香草豆、野蜂蜜或辣椒等调味品为佐料。用于饮用可可的容器各种各样，如葫芦杯、石杯或陶杯，还有一些特殊的仪式要用高脚杯，其中一些还带有搅拌棍。[65]

• • •

1636 年，安东尼奥·德·莱昂·皮内洛（ Antonio de Leon Pinelo ）在西班牙马德里撰写了《关于巧克力是否打破了教会斋戒的道德问题》（ Question moral. Si el chocolate quebranta el ayuno eclesiastico ）一文，探讨了不同体质、体型和个性的人们对巧克力的不同反应。

根据皮内洛的观点，性急、生性乐天、面色红润的男性和女性通常更为开朗友好，并且身材较高。他建议这些人可以喝较为清淡的巧克力饮料，不添加任何玉米等成分，只加入少许茴香、辣椒和糖。为了缓解他们易怒的性格，还可饮用冷巧克力饮料。对于多痰质的人，皮内洛描述他们通常体重较重、面色苍白、头发稀疏，他认为多痰质的人不轻易发怒，多迟钝、易困倦、懒散，他们可以喝加有肉桂、辣椒和茴香的热巧克力。皮内洛还认为应谨慎饮用此类热巧克力，因为热辣的巧克力可能会引发淫欲的念头。不过经过反思，他最终得出结论，多痰质的人由于天生性子较慢，因此热辣巧克力会引发淫欲念头的副作用不足以影响到这类人，所以热巧克力仍是这类人最合适的选择。

至于那些忧郁的男女，皮内洛认为他们的生活比较困难和悲伤，缺少快乐。由于他们易怒、有暴力倾向，且皮肤干燥、头发粗糙，这类人普遍不受人欢迎，所以他认为忧郁的人最好喝温热的巧克力配以热玉米饮料和一点

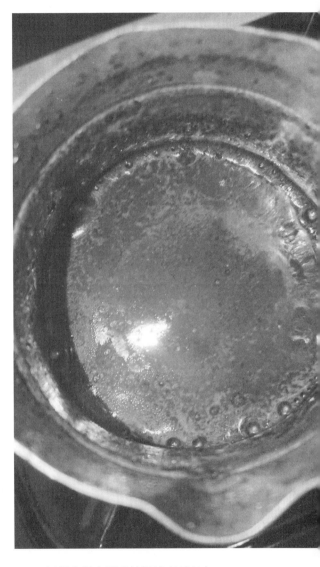

铜锅中混合了香料的液态巧克力
（©Emma Kay）

茴香，不加辣椒。他们还可以加一些芬芳的调料，这些自然有助于控制他们的胃肠胀气和痔疮。重要的是我们要记住，文艺复兴时期的欧洲仍然是

一个崇尚迷信和非科学的社会，皮内洛的理论就是当时的典型。

在希腊哲学中，普遍认为人体内有 4 种体液——黑胆汁、黄胆汁、黏液和血液，人们必须调和这些体液才能确保身体的和谐。黑胆汁代表脾脏，黏液代表大脑，黄胆汁代表胆囊，血液代表心脏。同样，通过混合事物的冷热、温度和味道，一个人就可以保持平衡的性格，并维持良好的健康和心情。

以下是 1935 年 7 月 6 日《埃塞克斯新闻报》(Essex Newsman) 刊登的冷巧克力甜点食谱。虽然在皮内洛撰写食谱的年代还没有香蕉和精制可可粉，但我相信如果他当时有的话，他肯定会为急性子或天性乐观的人推荐这种甜点。

巧克力香蕉荣耀食谱

取适量香蕉并捣成泥状。用可可粉和水混合制作巧克力糖霜，煮几分钟。加入糖霜与可可粉的 4 倍量和少许香草精，加热，直至糖霜包裹在勺子上。将巧克力糖霜与足够的鲜奶油混合，加入香蕉泥，堆在蛋奶冻杯中，最后用姜进行点缀。

••••

墨西哥的 Chan Kom 是一个古老的玛雅村庄，20 世纪 30 年代被罗伯特·雷德菲尔德（Robert Redfield）（译注：是美国著名人类学家，曾在墨西哥尤卡坦半岛的 Chan Kom 村做田野调查）记录下来。雷德菲尔德的观察记录强调了 20 世纪巧克力在墨西哥社会中不可或缺的重要地位。

墨西哥的"亡灵节"（Day of the Dead）在每年十月底和十一月初举

行，这是所有死者灵魂每年返回地球的时候，食物特别是巧克力在该节日中发挥着至关重要的作用。在雷德菲尔德描述的 Chan Kom 10 月 30 日午夜的场景中，一张桌子上装饰着鲜花，摆放着巧克力、面包和点燃的蜡烛的小杯子，这是为了欢迎死者的到来。同样地，人们在大门口也摆放着一杯巧克力、一块面包和一支点燃的蜡烛，为那些已经没有活着的家人的灵魂进行安抚祭奠。另一张桌子上也摆放着面包和巧克力，活着的人第二天早餐会把这些吃掉。

在玛雅社区中，在洗礼前也会食用巧克力片作为仪式的一部分，仪式中会有选定的教父母参与。还有在被指婚的两个年轻人的结婚过程中，男孩的父母会去女孩家中进行三次拜访，在每次拜访时都会送上朗姆酒、巧克力、香烟和面包作为礼物。

墨西哥的宗教仪式"rezos"（即祈祷）在逝者死后 7 天、死后 7 周、死后 7 个月以及死后 1 年的纪念仪式中定期进行。在这些仪式中，人们除了祈祷，还会端上巧克力。[66] 在一些玛雅考古遗址中，也曾发现了被供奉给逝者的巧克力饮料的残留物。

《赫尔南多·鲁伊斯·德·阿拉孔的论文》（*Treatise of Hernando Ruiz de Alarcón*）来自殖民早期的墨西哥，该文记载了大量关于阿兹特克文化和宗教的信息。作者阿拉孔（Alarcón）是一位牧师，他详细记录了墨西哥中部土著印第安人的宗教习俗。他的论文内容还包括咒语和仪式，以下内容是用于管理情绪问题的仪式，虽然有点冗长，但很有趣：

> 首先，必须从嫩玉米穗中摘取玉米粒，由于这些玉米粒很嫩，所以它们朝向与其他玉米粒相反的方向。这具有相反的效果，颠倒了通常与农作物生长相关的所有事物——精华、养分、活力。相反，它们

被视为令人愤怒的事物。然后在这些玉米粒上方说出以下这些话（从原始阿兹特克语翻译）：

1. 请到这里，杰出而尊贵的人，独一的神啊，你要安抚他心中燃烧的怒火，你要从他身上驱除绿色的愤怒。

2. 我要驱散黄色的愤怒，把它赶走，因为我是祭司，是咒语的王子，我要给他喝下医治魔法的药水——心灵改变者（为受法术束缚者）。

3. 我要把它逼出来，我要追捕它。我是祭司，我是纳瓦利领主。我要让它（愤怒）饮用祭司。Pahecat, Yollohcuepcatzin（或 Yolcuepcatzin）。

最后将这些带着咒语的玉米粒碾碎，并与巧克力混合，给想消除愤怒的人饮用。[67]

你可能通常不会想到在节日庆祝活动中进行献祭仪式这样的事情，但对于阿兹特克人来说，将节日庆祝与献祭仪式联系在一起是相当常见的，正如赫尔南多所记录的：

大多数印第安人的祭祀活动都是在午夜或黎明时分进行的，在他们召唤圣神的节日里，在天亮之前，他们已经吃过了。这是他们在火堆前宰杀鸡的方式，火是他们的"修特力神"（Xiuteuctli）。他们土语称为"tlaquechcotonaliztli"。这种祭祀活动是在族长的家中进行的。

按照他们的方式准备这些家禽，做好玉米粉辣味肉饼，准备了龙舌兰酒、小玉米饼（poquietes）以及装有巧克力和玫瑰花的容器之后，把这些物品分为两部分，其中一部分被奉献给火，他们在火堆前倒出一些龙舌兰酒；另一部分则被带到教堂献祭，放在祭坛前的小杯里。在一个直立的小杯里倒出一点龙舌兰酒，并将其放在祭坛的中央，过一会儿，他们将其取出，并给 teopan tlacas 食用。同样的做法也用于向火神献祭，最后献给族长。[68]

阿兹特克调味酱"摩尔"（mole）来源于古代阿兹特克语"Nahuatl"中的词"molli"，意思是混合或调制。这是墨西哥奥阿哈卡和普埃布拉地区特有的调味酱。摩尔酱是浓稠的辣椒和香料的混合物，其颜色取决于使用的辣椒类型，比如深红褐色的"mole Colorado"，黄色的"amarilo"，橙红色的"coloradito"和黑色的含有巧克力的"mole negro"。这种酱料的传统历史悠久，与之相关的神话不计其数。墨西哥烹饪界的公爵夫人戴安娜·肯尼迪（Diana Kennedy）在她的《墨西哥烹饪艺术》（*The Art of Mexican Cooking*）一书中提供了"mole negro"的最佳和最正宗的食谱，而下面我提供的这个简化食谱则是在《洛杉矶时报奖烹饪书》（*Los Angeles Times Prize Cook Book*）上发表的，可以搭配猪肉、鸡肉或火鸡肉一起吃：

摩尔炖猪肉、鸡肉或火鸡食谱

1 磅干黑辣椒（Chili Pasilla），1/2 磅去皮杏仁，4 片干面包，1 汤匙无糖巧克力。另有以下墨西哥香料：2 汤匙炒芝麻，2 汤匙炒芫荽籽，1 汤匙牛至（oregano）（译注：是一种原产于地中海沿岸的薄荷芳香植物，被用作香料已有数千年历史），1 罐番茄酱，1 茶匙肉桂粉，4 瓣大蒜，1 颗洋葱，1 茶匙辣椒粉，1 茶匙盐。

制作方法：

将3磅瘦猪肉或1只母鸡切成块，煮至将近熟透，此时锅中应留有1夸脱的汤。去掉辣椒的茎和籽，用水浸泡煮20分钟，凉了之后去掉皮，用热油炒熟。将杏仁、香草和面包分别在热油中炒熟，之后将切碎的大蒜和洋葱炒熟。除了肉以外的所有食材都用食物研磨机打成糊状。将所有食材混合在一起，加入肉桂粉、巧克力、辣椒粉和盐，再加入番茄酱搅拌均匀，倒在肉上，慢火煮1小时。香草可以在任何墨西哥商店买到。应该搭配玉米饼食用。[69]

• • •

在魔法的世界中，巧克力最常与心轮（the hert chakra）相联系，象征着爱情，人们相信它的特性能够促进繁荣和正能量。巧克力属于火元素，其守护星是火星。[70]在世界各地，情人节仍然是一个重要的习俗，是对激情和爱情的庆祝，如今已经与巧克力成为同义词。在日本和韩国，女性员工会向男性赠送特殊的巧克力，因而称为"女孩巧克力"，而在3月14日（白色情人节），之前收到巧克力的男性会回赠白巧克力或棉花糖来回报爱的人。

在韩国，4月14日是"黑色情人节"，专为那些不幸没有收到情人节礼物的男性而设，这些人会聚在一起吃一种叫作"jajangmyun"（炸酱面）的黑色面条。这给了他们一个哀悼自己单身状态的机会。[71]

我在本书中没有列出很多白巧克力的食谱，因为在我看来，白巧克力并不是真正的巧克力，因为它不含固体可可，它只是可可脂和糖的混合物，可谓一种假巧克力。但我不否认，当它与水果搭配在一起享用时尤其美味。因此，这里有一个非常奢华的白巧克力和蓝莓的组合食谱。

白巧克力蓝莓早午餐蛋糕食谱

3 个鸡蛋，1/2 杯牛奶，1 杯软化黄油，1 汤匙发酵粉（小苏打），1 杯糖，1 茶匙香草，2 杯面粉，1 汤匙柠檬汁，1 杯蓝莓，1 杯白巧克力豆。

制作方法：

预热烤箱至 180℃（350°F）。在一个大碗中将鸡蛋、牛奶、黄油、发酵粉、糖和香草搅拌在一起，直至混合均匀。加入面粉和柠檬汁，搅拌至完全混合。

轻轻地将蓝莓和白巧克力豆混合进面糊中，将面糊倒入一个涂抹了黄油的 9 英寸 ×9 英寸的烤盘中，烘烤 45 ～ 50 分钟，或直到用刀插入蛋糕中心，刀拔出来不粘黏糊即可。[72]

●●●

几个世纪以来，巧克力和宗教渐渐交织在一起，比如从维多利亚时期开始将巧克力作为圣诞节礼物的传统以及复活节给孩子们送巧克力彩蛋的习俗。这些传统起源于古老的风俗，人们会用染成红色的煮鸡蛋象征基督的鲜血，而蛋本身则代表新生命。顺便说一句，将煮熟的蛋壳打破可以防止女巫将其用于邪恶的目的。

我们都听说过有关基督的脸庞出现在烤焦的吐司片上，或圣母玛利亚的形象出现在奶酪三明治里的故事，其实神圣的圣母玛利亚也曾出现在一摊凝固的巧克力中。

2006 年 8 月 18 日，来自美国加利福尼亚州喷泉谷的厨房清洁工克鲁兹·哈辛托（Cruz Jacinto）在上班时发现了一块融化的巧克力，但这可不是一块普通的巧克力。融化的巧克力滴下后在一大桶巧克力下方形成了一幅圣母玛利亚的图像。这件事发生在博德加（Bodega）巧克力店内，但据我了解，这家店现在已经关门了。哈辛托回忆说："我来上班时，通常第一件事就是看时钟，但这一次我没有看时钟，我的目光直接看向了那个巧克力。我心想，'难道我是唯一能看到这个图像的人吗？'我把它捡起来，我感到一种情感涌上心头。对我来说，这是一个征兆。"[73]

著名的巧克力制造商博德加1996年由西班牙的姐妹马图奇·安吉亚诺（Martucci Angiano）和珍妮·帕兹（Jene Paz）以及她们的表兄帕特·布罗德曼（Pat Brotman）创立，是对祖母玛利亚（Maria）以及家族中濒临消失的巧克力制造传统的一种致敬。博德加的成功秘诀一直以来是使用优质的原材料，这种理念使其公司声誉卓著，拥有最精英的消费群体，从奥斯卡奖、金球奖和艾美奖的伴手礼品袋到所有米高梅（MGM）酒店都青睐该品牌的巧克力。该公司还曾获得《国家地理》授予的"最佳巧克力制造商"称号。

博德加的巧克力松露基于他们祖母的传统食谱制作，最畅销的口味包括焦糖奶油味、黑巧克力味、焦糖味、薄荷味、榛子味、摩卡味和赤霞珠葡萄酒口味，以及他们标志性的巧克力椒盐脆饼和巧克力松露饼干。[74]不幸的是，哈辛托的圣母玛利亚巧克力神迹显像似乎并未奇迹般地改善博德加的业务状况，该公司在2010年申请了破产。

薄荷巧克力松露食谱

（可做3打）

$1\frac{1}{2}$ 磅甜巧克力，$1\frac{1}{4}$ 杯浓奶油，3汤匙薄荷甜酒，1/2杯无糖可可粉。

制作方法：

将巧克力切成小块，放入双层锅内。

在一个平底锅中将奶油加热至沸腾。将热奶油倒入双层锅的巧克力中，继续加热并搅拌，直至巧克力融化并与奶油混合均匀。加入薄荷甜酒。

将混合物倒在烘焙盘上，放入冰箱约 1 小时，直至混合物硬化。将巧克力塑成直径约 1 英寸的小球。

将做好的巧克力球放入冰箱，即可食用。

食用前，在球上筛上可可粉，然后滚动巧克力球，使每个球完全被可可粉均匀覆盖。[75]

•••

历史上有许多关于女巫使用巧克力来施咒、进行黑暗仪式和施展超自然魅力的故事。凯瑟琳·蒙瓦森（Catherine Monvoisin）又名拉瓦辛（"La Voisin"），是一名全能的占卜师、巫师和毒药师，只要给足报酬，她还可以提供高风险的晚期堕胎服务。真是个有魅力的人！她还卷入了凡尔赛宫著名的"毒药事件"，其中包括策划对路易十四和法国皇室成员进行毒害的复杂阴谋。拉瓦辛成为路易十四的情妇玛丽·德·蒙特斯潘夫人的女巫，她负责随时确保蒙特斯潘与国王的关系不受到任何阻碍，提供从撒旦崇拜到春药的一切帮助。奥地利的安妮（Anne）（实际上是西班牙人）是路易十四的母亲。

我们从蒙特斯潘的回忆录中可知，法国王太后在凡尔赛宫有自己的西班牙巧克力制造商，名为莫利纳夫人（Señora Molina），在本章前面提到过，她主要负责照顾国王年轻的妻子玛丽亚·特蕾莎。莫利纳有自己独立的厨房，以其制作的丁香味巧克力而闻名。[76]有可能莫利纳甚至为拉瓦辛炮制过用西班牙蝇（一种能增加性欲的漂亮绿色甲虫）和女人月经血混合制成的巧克力，以维持国王对蒙特斯潘的垂青。蒙特斯潘虽然被指控卷入"毒药事件"，但从未受到审判，而拉瓦辛却在 1680 年被公开处决。

蒙特斯潘在回忆录中否认与拉瓦辛有任何关系，并将她和另一名被指控的女性称为"两个不起眼的女人"。这些事件的一些戏剧化描述出现在 2018 年的电视剧《凡尔赛》中。

● ● ●

值得一提的另一位与巫术和毒药有关的人物是莱昂纳尔达·西安丘利（Leonarda Cianciulli）；她是意大利的连环杀手，由于她是其母亲被强奸后生下的孩子，因此她相信自己出生起就被诅咒了。

她更广为人知的名字是"科雷焦肥皂制造者"，在年轻时她曾几次试图自杀，后来在 20 世纪 30 年代结婚安定下来，并开始从事肥皂制造行业。她曾经怀孕 17 次，其中 13 个婴儿死于各种原因。西安丘利经常咨询算命师和流浪的吉卜赛人，他们都预言她会失去孩子、被关进监狱或是发疯。她对这些预言深信不疑，并遵从这些预言来生活。为了确保她的长子不死，她甚至采取了活人祭祀的方式。西安丘利的第一名受害者是法斯蒂娜·塞蒂（Faustina Setti），她经常拜访邻居西安丘利，并拜托西安丘利给她看手相和帮助找对象。在其中一次拜访中，西安丘利用酒迷昏了法斯蒂娜，然后用斧头砍死了她，并将她的尸体仪式化地切成 9 块，还将她的血倒入盆中。她在一份正式声明中描述了她仪式性屠杀的接下来的步骤：

我把肢解后的尸块投入锅中，加入了 7 千克买来本是用来制肥皂的烧碱，然后搅拌整个混合物直到碎块溶解成一块浓稠、深色的糊状物，我将其倒进几个桶中，然后倒入附近的化粪池里。至于盆中的血，我等它凝固后，把它放进烤箱里烘干，然后把它磨碎，与面粉、糖、巧克力、牛奶和鸡蛋一起混合，再加一些人造黄油，把所有成分揉在一起。我做了很多脆脆的茶点，招待来访的女士们，不过朱塞佩（她的长子）和我也吃了一些。[77]

莱昂纳尔达·西安丘利最终在20世纪40年代被抓获并因谋杀罪受审，而后被判处监禁，并被送进一所刑事疯人院3年。她在77岁时因脑出血去世。

这起骇人听闻的谋杀和食人事件，是由超自然崇拜和精神错乱形成的怪异结合引发的，导致这一结局的核心是巧克力蛋糕。这种罪行让人想起古老的墨西哥仪式性献祭，以及融合血液和巧克力的做法，就连巧克力能凝结成硬块的特性也加强了当时人们对可可的虚无和迷信属性的盲目信仰。

由于这个主题相当令人不快，我在此附上一个发表于莱昂纳尔达·西安丘利受审时期的酸奶巧克力蛋糕食谱。

酸奶巧克力蛋糕食谱

1/2杯黄油，1杯糖，2个蛋黄，3/4杯酸奶，3块巧克力，$1\frac{1}{4}$杯自发粉，1茶匙泡打粉，1茶匙小苏打，1/2杯核桃。

制作方法：

黄油打发，逐渐加入糖，搅拌均匀。

加入搅打均匀的蛋黄，快速搅拌。加入融化的巧克力、酸奶和过筛的干原料。

加入切碎的核桃，倒入涂了油的杯形蛋糕模具中。在中型烤箱中180℃（350°F）烘烤约20分钟。这些蛋糕口感丰富，无需再加糖霜。[78]

第 *3* 章

金钱、市场与商品：
甜到发腻的巧克力

从街头巧克力摊贩和个体巧克力制造商，到英国乔治王时代的巧克力屋和曾经统治糖果世界的大家族们，巧克力走向大规模生产和大众消费的曲折历程既是悲剧性的，同时又令人印象深刻。

巧克力街头摊贩和独立制造商

像其他街头贸易一样，巧克力销售也是充满竞争和十分艰辛的工作。从早期的巧克力饮料销售商到实心巧克力摊贩，巧克力商海可谓是鱼龙混杂。

法国流氓路易斯·多米尼克·布尔吉冈（Louis Dominique Bourguigon）更为人所熟知的名字是"卡图什"（Cartouche），他是个变装高手，但实际上是一名抢劫强盗和罪犯。在 18 世纪的巴黎街头，卡图什声名狼藉，人们不遗余力地试图抓住他。他时常穿着一件双

1829 年，从可可摊贩购买饮料［威康收藏创作共用许可（CC BY 4.0）］

面外套，一面是蓝色，另一面是红色，这使得官方混淆不清，他们经常在追捕一个穿着蓝色衣服的罪犯，结果转个弯就面对着一个穿着红色外套的人。有一次，警方在一家当地著名的柠檬水卖家的住所听到骚动，发现一个矮个子男子（卡图什身高只有 4 英尺 5 英寸）在房间里到处乱翻，半醉半疯地用手枪向人群乱射。这名男子被捕后宣称自己是卖巧克力的，只不过是喝多了。卡图什没有受到进一步的指控，随后便被释放。不久后，他在 1720 年被重新抓获并被监禁，还曾试图逃跑，不过最终被判处"轮刑"处死。[1]

在 19 世纪，由于日益严重的掺假和配方专利问题，巴黎的一位巧克力卖家以在所有巧克力表面刻上"仿造此巧克力将被处以死刑"的警告而出名。[2]

约翰·菲利普·瓦格纳（Jeanne Phillipe Wagner）是 19 世纪住在伦敦一名德国巧克力销售商，他因自己的巧克力制作工艺未受到国际博览会的赏识而感到失望。该博览会于五月举行，而瓦格纳却在八月支付给一名名叫 S. J. 米尼（S. J. Meany）的男子 5 英镑，因为他以为该男子是国际博览会的专员，而他可以从这名男子那拿到一枚博览会的奖牌。但事实证明，瓦格纳根本没拿到奖牌，最终他以涉嫌欺诈将米尼告上法庭。然而，法庭根据证据驳回了这个案子，因为米尼从未明确表示自己是博览会的专员，而仅仅是因为含糊其词而导致瓦格纳误以为他是专员。[3]

以下是一个德国巧克力酱的食谱，有趣的是，该食谱建议节约使用巧克力，并用干面粉来代替：

德国巧克力酱食谱

将 1 块黄油和 4 个蛋黄在锅里充分混合，加入 1/4 磅巧克力，倒入适量葡萄酒和少许水，再加入适量糖，然后将所有材料一起煮成浓浓的酱汁。为了节约，可以少用一些巧克力，并用烘烤过的干面粉代替。[4]

19 世纪 80 年代，人口普查记录中的证据表明，独立的巧克力制造商和巧克力制造业开始蓬勃发展。而到 19 世纪 90 年代，这些职业则显著减少，但到 1901 年，这些职业又再次增加，并衍生出更详细的职业分支，包括巧克力包装工、巧克力罐头工、巧克力精炼工、巧克力蘸浆工、巧克力加工员，甚至专门运送巧克力到全国各地的巧克力货车司机，这表明独立巧克力制造商逐渐向大型工厂和大规模生产转型。

到 1911 年，英国几乎有近 1 万人与巧克力制造业有关，而在前一个 10 年左右只有大约 250 人，英国巧克力经济的惊人转变可见一斑。直到

20 世纪 40 年代，仍然可以看到 14 岁的孩子在街上售卖巧克力，而那些有幸接受教育的孩子则更有可能享受巧克力，而不是不得不上街卖巧克力讨生计。

查尔斯·达夫（Charles Duff）在《爱尔兰与爱尔兰人》（*Ireland and the Irish*）中描述了他在爱尔兰度过的一生。他在 20 世纪初都柏林的学生时代充满了恐惧，他唯一的慰藉就是周日下午在凤凰公园享受一些休闲放松的时光。他结识了一个贩卖巧克力的朋友，这位巧克力卖家能够帮助他练习德语和意大利语。这位巧克力卖家被描述为"一个魁梧的、胡子刮得干干净净的特里斯特本地人，一个留着长发的年轻人，用一种引人入胜的方式来销售他的巧克力"，他会给没钱的学生免费赠送巧克力，这一点尤其令人印象深刻。他还会在一周中最忙碌的日子里至少抽出半个小时来聊天，并向一些男孩介绍当地的电影院，在那里，他的一些熟人会让这些孩子们免费观看电影。[5]

一些巧克力制造商显然有渴望成为中产阶级的抱负。1919 年，巧克力销售商查尔斯·约翰·阿特金森（Charles John Atkinson）宣布他将作为独立的"工人"候选人参加斯彭谷选区的普选。[6] 当时有好几家报纸对此进行了报道，并为记者们提供了一个有趣的小故事。阿特金森提交了他的申请文件，但可悲的是没有获得提名。[7] 在 1863 年的巴黎也发生过类似的情况，当时一位巧克力制造商德文克（Monsieur Devinck）先生也参加了选举。他是否受到民众的欢迎很难确定，一家报纸宣称"M. 梯也尔（M.Thiers）（另一位候选人）的名字铭刻在历史上，而德克文只是在巧克力上留下了印记"。[8]

1920 年 4 月 24 日，在伦敦的举行了自第一次世界大战结束以来的首次英格兰足球总决赛，对阵双方是阿斯顿维拉队和哈德斯菲尔德队，据说那段时间是斯坦福桥球场外的巧克力小贩们的"好日子"。[9]一些体育场的巧克力摊贩似乎开始得意忘形。例如在 1914 年，巧克力摊贩爱德华·托普斯（Edward Topps）在谢菲尔德星期三足球场的一场比赛中窃取了 1 英镑 7 先令 10 便士，原因是他交还的现金未能达到那天他的老板乔纳斯·夸斯特尔（Jonas Quastel）先生要求的巧克力销售额。随后他立即潜逃，并最终在都柏林军队中服役时被捕。[10]

媒体报道显示，20 世纪上半叶在足球场工作的巧克力摊贩与参加大型足球俱乐部试训的年轻人之间存在着很大的关联性，其中的很多年轻人最终取得成功。这似乎成为他们变为一名雄心勃勃球员的天然跳板。

伦敦的可可小贩有时会佩戴小铃铛，用于吸引口渴的过路人。根据亨利·梅休（Henry Mayhew）的《伦敦劳工与伦敦贫民》（*London Labour and the London Poor*）（第一卷，1861）记述，这些热饮料被装在大罐子里，与面包、黄油、葡萄干蛋糕、火腿三明治和煮鸡蛋一起售卖。他们收费 1 便士一杯或半便士半杯，另外半便士用于购买三明治等。可可通常是从当地杂货店以 1 磅六便士的价格购买，而相比之下，咖啡 1 磅要 1 先令，茶 3 磅要 3 先令。因此，在这个特定时期，购买可可对于商贩来说更便宜，而茶和咖啡的价格约为可可的 8 倍。自动售卖热饮的投币式售货机在 20 世纪前半叶逐渐发展起来，最终导致了热可可摊贩的消亡。顺便提一下，著名德国斯托尔韦克（Stollwerck）巧克力家族的路德维希·斯托尔韦克（Ludwig Stollwerck）在 19 世纪欧洲的自动售货机发展方面做出了重要贡献。

尽管大规模消费的时代已经来临，但男女摊贩仍然在 20 世纪的街头继续销售巧克力。1934 年 3 月 1 日星期四，一条 SOS 广播试图寻找约翰·威廉·邦德（John William Bond），他在伦敦维多利亚车站外售卖巧克力。

但似乎没人能够联系到邦德，并告知他他父亲病危。[11]此外，还有像塞西尔·特沃特（Cecil Twort）这样坚韧不拔的投机者，他在1948年被指控在艾尔斯伯里（Aylesbury）阻塞人行道，并在该区域乱扔垃圾。特沃特某一天在街上摆摊，从大箱子里售卖克伦奇（Crunchie）巧克力棒（最初由英国富莱父子巧克力公司在1929年发明）。人们在人行道上排起了队，造成了交通阻碍，一些公众对特沃特的非法行为提出质疑，他因此大发雷霆并口无遮拦地当街破口大骂，还到处扔空箱子。他没有出庭，而是向法庭寄了一封信。最终他被罚款20先令。[12]

毫无疑问，19世纪乃至任何一个世纪中最大的巧克力售卖连锁店一定是禁酒可可屋（Temperance Cocoa Rooms）。这些可可屋的兴起源于一个日益无序、对酒精产生依赖的社会。

1846年，在伦敦圣卢克教区，玛丽·默里（Mary Murray）和马丁·詹宁斯（Martin Jennings）在当地众多的杜松子酒店之一喝酒。詹宁斯指责玛丽从他口袋里偷了1先令，当玛丽否认时，他狠狠地打了她一记耳光。她继续否认偷窃，结果又被他打了一次。玛丽试图逃离詹宁斯，踉跄地走向门口，但詹宁斯紧追不舍，再次打了她一记耳光。一名路人看到后拉响了警报，詹宁斯逃走了，玛丽倒在地上，不治身亡。[13]1771年，皮尔斯（Pierce）船长的船在布里斯托尔停泊，他诱骗一名9岁女孩登上他的船，并用酒灌醉了她，然后对她实施了强奸。他之后被抓住并被处决。[14]1894年，在诺丁汉的泰晤士街，凯瑟琳·弗里曼（Catherine Freeman）因醉酒将自己的婴儿摔下，导致婴儿脑震荡而被拘押候审。[15]

到了19世纪，酒精，尤其是私酿杜松子酒，在英国已经成为一个重要的社会问题。许多家庭难以维持生计，男女都喝得烂醉而无法谋得工作，家庭暴力增加，儿童被忽视。

　　贵格会（Quaker）（译注：是基督教的一个教派，又称教友派或公益会，成立于 17 世纪的英国）信徒中有很多人都戒了酒，他们联合救世军、天主教团体和十字军联盟，发起了新的禁酒运动，反击酗酒的邪恶侵蚀。虽然他们发起了各种劝导人们远离酒精的运动，但直到可可屋的出现，情况才有了实质性的改变。

　　这些"可可屋"是旧式咖啡馆和巧克力屋的继承者。发行铜质代币是为了吸引人们离开酒馆（通常就在隔壁）。1 先令可以买 13 个代币。这些代币是作为教会官员向那些需要施舍的人发放的纸质餐券的替代品而出售。人们认为这些纸质餐券有耻辱的意味，而代币则没有，因为别人无法确定你是用硬币还是代币付的款。

19 世纪的原始可可屋代币（©Emma Kay）

尽管许多这些场所是与教堂合作经营的，但它们也属于具有商业利益的个体企业。它们最初是在英国劳动者公共房屋公司（The British Workman's Public House Company）的领导下开设的，但后来由前利物浦金属经纪人、社会改革者和狂热的长老会信徒罗伯特·洛克哈特（Robert Lockhart）拥有的"洛克哈特的可可屋"垄断了市场。洛克哈特的可可屋最初起源于利物浦和纽卡斯尔地区，后来扩展到伦敦和英国其他主要城市。在 1894 年的《凯里工商名录》（Kelly's directory）（译注：是 200 多年前创始于英国的著名工商企业名录）中，利物浦就有大约 85 家综合可可屋。洛克哈特在 1874 年的全国社会科学促进协会会议上发表讲话，称第一家可可屋于 1873 年在利物浦开业，第二年又开设了 12 家。这些场所早上 5 点开门，以便服务上班途中的体力劳动者。然后商家还鼓励这些工人在回家的路上带上晚餐，然后再停下来喝一杯可可。[16]

洛克哈特 1880 年因支气管炎去世，年仅 58 岁。接下来的 10 年里，可可屋的传统似乎变得有些不那么纯洁，报纸经常报道这些场所在营业时间后发生的赌博事件。[17] 本世纪内的其他竞争对手也提供类似的服务，比如约翰·皮尔斯（John Pearce）的"皮尔斯和丰盛"餐厅和"人民茶点室有限公司"，该公司收购了 233 多家特许经营场所，将它们改造成了无酒精的茶点室。[18]

讽刺的是，200 年前被认为是邪恶的和挑逗性的饮料，如今被视为拯救堕落和破碎社会的救星。更加讽刺的是，在 19 世纪 30 年代的殖民地特立尼达，人们计划建立一个类似的"巧克力店"，只供应巧克力和咖啡。这在一个酒精滥用日益严重的岛屿上受到了欢迎，因为据 1838 年 4 月 14 日《法尔茅斯快报与殖民日报》（The Falmouth Express Colonial Journal）的报道，酒精滥用开始加剧了人们"野蛮化"的行为。一般来说，该岛的劳动阶层会在当地的小酒馆中喝生酒开始他们的一天，而酒精则会导致人们变得脾气火爆，生产能力低下。人们还用提供免费报纸等激励措施来奖励第一个准备开设这些巧克力店的人。特立尼达有着两百年的可可生产历史，居然鼓励当地人用与同样奴役他们的产品来取代酒精，这似乎有些矛盾。

有趣的是，在英国的巧克力屋，尤其是从 19 世纪中后期开始经营的巧克力屋，都被拒绝发放音乐和舞蹈等娱乐许可证，而酒馆则可轻易获得各种娱乐许可证。这是否与音乐和舞蹈被认为具有挑逗性，因此不适合禁酒主义的原则有关，尚不清楚，但这是当时一个有趣的现象。

19 世纪，禁酒运动中出版了许多烹饪书籍，其中很多包含了大量巧克力食谱。以下是玛丽·G. 史密斯（Mary G. Smith）的《禁酒食谱》中的两个食谱。

巧克力牛奶冻食谱

将 1/2 盒明胶浸泡至溶解，加入足够多的水使其浸没，再加入 4 根磨碎的巧克力棒、1 夸脱甜牛奶、1 杯糖，将牛奶、糖和巧克力煮沸 5 分钟，不停搅拌，然后加入香草精调味，倒入模具中冷却，加奶油一起食用。

巧克力布丁食谱

3/4 杯巧克力，1 夸脱未脱脂的牛奶，煮沸，然后放凉，打发至非常轻松和浓稠，加入 4 个蛋黄和 1 杯糖，再加香草精进行细腻调味。将混合物放入烤盘中，慢火烘烤。

制作蛋白霜：将蛋白打发至能独立站立，加入 4 汤匙粉糖，再加入香草或柠檬调味，然后让布丁再次冷却，将蛋白霜涂在布丁上，稍微烤至微焦。这个分量足够 6 个人享用。[19]

巧克力制造商

在过去，主要的独立巧克力制造商大多是由家族经营的企业，并在后续几代人中继续经营。许多企业由于政府对可可的限制以及无法获得所需原料而在第一次和第二次世界大战期间陷入了困境。而另一些企业则在冲突时期蓬勃发展，在那些可以利用廉价劳动力和通过某些渠道获取走私品的环境中取得了成功。

在本书这一部分，我不可能涵盖每一个主要的巧克力制造商，但我尽可能多地记录了那些世界上最大的糖果竞争对手的一些阴暗和模糊的历史。整个巧克力行业一直在为可持续性的问题和有道德瑕疵的做法进行辩护，但这些存在争议的做法却屡屡发生。比如日本的大公司明治，它于1917年成立，专门生产低成本高品质的巧克力，但在2011年，其婴儿配方奶粉中被发现高水平的放射性铯，因而受到严格审查。还有美国的马斯特兄弟公司，其生产的手工巧克力多年来一直面临使用第三方巧克力的指责，他们被指责将这些巧克力融化并混合其他成分后，再作为他们自己独创的产品销售。

三角巧克力（Toblerone）（译注：是1899年创建于瑞士的一个著名巧克力品牌）的发明者之一西奥多·托布勒（Theodor Tobler）被认为是著名的巴黎轻喜剧舞团"Folies Bergères"的狂热拥趸。据说其巧克力标志性的马特宏峰式峰尖，类似于Folies舞团的一种受欢迎的表演形式，配有"让自我迷失在三角巧克力中"的广告语。他们还在20世纪50年代推出了"芭蕾舞女系列"产品，所以这些传言或许有一定真实性。[20]

"石板街"三角巧克力蛋糕食谱

在 23 平方厘米的蛋糕盒中，使用油纸包裹，可以做出 16 块。

准备时间：15 分钟。

冷藏：最少 4 小时。

150 克无盐黄油，3 汤匙蜜糖，200 克 Toblerone 黑巧克力（外加装饰用），50 克葡萄干，200 克 Oreo 饼干（切成粗碎），100 克迷你棉花糖，150 克迷你 Toblerone 牛奶巧克力块。

制作方法：

在一个大锅中用文火融化黄油、蜜糖和黑巧克力。从火上取下大锅，加入葡萄干、饼干和一半的棉花糖，搅拌至完全裹上巧克力。再加入剩余的棉花糖，搅拌均匀。倒入准备好的蛋糕盒，用勺子压平，然后撒上剩余的黑巧克力、棉花糖和迷你牛奶巧克力块。

用保鲜膜覆盖并放入冰箱冷藏至少 4 小时，直到凝固，或保存在冰箱中直到食用。切成 16 个方块，放入密封容器中，可在冰箱中保存 4 ~ 5 天。[21]

到了 1900 年，英国饼干制造商亨特利和帕尔默（Huntley and Palmer）公司已经销售了大约 400 个品种的饼干，其中许多都含有巧克力。尽管该公司的高级合伙人乔治·帕尔默（George Palmer）积极参与反对奴隶制度的运动，但在乔治王和维多利亚时代，任何大型制造商都很难避免商业上与奴隶贸易有牵连。事实上，一些现代的巧克力制造行为仍然笼罩在强迫劳工、人口贩运和恶劣工作条件的可疑面纱之下。直至今日，关于大型巧克力制造商与儿童奴工、贫困或与破坏环境问题有关的报道依然不时涌现，数不胜数，很难在此一一列举。

在 1930—1939 年，亨特利和帕尔默公司推出了一系列特殊的巧克力产品，包括各种夹心薄饼，例如巧克力威化饼、巧克力阿斯科特夹心薄饼和夏日威化饼。

我找到了这个非常独特的巧克力夹心薄饼卷的食谱，其主要成分似乎是打发的奶油，并且大胆地建议配上更多的打发奶油食用。

巧克力威化卷食谱

30片宽巧克力威化饼，1品脱（约473毫升）打发奶油，玛拉斯奇诺（Maraschino）樱桃。

制作方法：

把奶油打发，然后在一片薄饼上涂一层奶油，盖上另一片薄饼，再覆盖一层打发奶油。重复此步骤，直至用完所有薄饼，但要小心保持卷的平直。用剩余的奶油覆盖卷的所有侧面，并用玛拉斯奇诺樱桃装饰。

将制作好的巧克力夹心薄饼卷放入冰箱冷藏数小时。要切割薄饼卷，将其放在侧面，进行对角切片。如有需要，可搭配更多的鲜奶油一起享用。[22]

古巴曾是可可生产的中心，19世纪时有超过60个可可种植园。虽然大部分园区在独立战争期间被摧毁，但美国巨头好时公司在第一次世界大战期间收购了旧糖厂用于生产巧克力。这或许是一个不错的起点。

好时（Hershey），美国

起初经营焦糖生意的米尔顿·赫希（Milton Hershey）在19世纪90年代多次面临破产，但最终通过投资新机器设备开始生产巧克力棒。时至今日，好时公司标志性的巧克力棒，以其鲜明的红褐色包装和大胆的白色字体而闻名。好时巧克力仍然是美国，甚至全世界最具代表性的糖果品牌之一。然而，要不是因为一项商务约定，使他不得不比计划中早3天离开法国回国，世人也许不会知晓他的才华。这是因为米尔顿·赫希和他的妻子原本计划乘坐"泰坦尼克号"游轮回国，但因此免于"泰坦尼克号"沉没的悲剧。

然而，米尔顿·赫希早年遭遇的一桩不幸，他却无法回避——那就是他4岁的妹妹塞莉娜（Serena）罹患猩红热，在几个月中饱受折磨，最终在1867年因传染病而离世。这次悲剧对赫希家族的打击是毁灭性的，他的母亲断绝了与他父亲的联系，家族生意也最终走向衰落。这次悲痛的经历让米尔顿终生难忘，并可能成为最终推动他追求事业的力量之一。[23]顺便提一下，如果你曾经琢磨为什么好时巧克力的特色风味尝起来像是呕吐物——就像我童年在纽约第一次品尝好时巧克力棒时发现的那样——那是因为好时公司使用的牛奶经历了脂肪酶水解作用，分解了牛奶中的脂肪酸，产生了丁酸，而这种化学物质也存在于呕吐物中。[24]

我很欣赏在书中加入一些食谱的做法，而这个食谱最初是从好时巧克力包装盒的背面获得的。食谱的作者进行了一些调整，以确保它是无麸质的，如下：

无麸质巧克力蛋糕食谱

2杯无麸质面粉（留出2汤匙），1茶匙黄原胶（用于增加面团的黏性，以代替面筋），1杯糖，3汤匙可可粉，2茶匙小苏打粉，1杯苏打水，1杯无麸质蛋黄酱，1茶匙香草精。

在烘烤过程中不断察看蛋糕。无麸质食谱通常需要更长的烘烤时间，并且需要相应调整烤箱的温度。[25]

费列罗（Ferrero），意大利

皮埃特罗·费列罗（Pietro Ferrero）在1942年创立了自己的糖果

企业，当时原材料可可短缺，意大利经济脆弱。然而，该地区的榛子却非常丰富，于是1946年他制造了榛子酱"pasta gianduja"，这是基于拿破仑时代已有的榛子膏改进而来。这种价格低廉、口感美味的产品一炮而红。[26]

在"二战"后，随着巧克力的普及，费列罗开始将巧克力和榛子结合在一起，尝试不同的产品，直至他在50岁时因心脏病突发去世，几年后帮助他经营企业的兄弟乔瓦尼（Giovanni）也去世了。[27]

在20世纪60年代的消费主义热潮中，皮埃特罗的儿子米歇尔·费列罗（Michele Ferrero）开发出了著名的榛子巧克力酱品牌"Nutella"。20年后，米歇尔又推出了费列罗单独包装的金色榛子巧克力球，即费列罗"Rocher"，据称是以洛德矿洞中的一座洞穴命名的。皮埃特罗去世前将企业传给了他的儿子们，小乔瓦尼和小皮埃特罗。后者于2011年在南非骑自行车时因心脏病突发去世，年仅48岁。[28]

乔瓦尼目前担任费列罗集团的执行董事长，集团旗下拥有"能多益"（"Nutella"）、"费列罗巧克力"（"Ferrevo Rocher"）、"健达"（"Kinder"）和"的嗒"（"Tic Tac"）薄荷糖等品牌。

巧克力榛子酱食谱

磨碎1磅（2杯）烘烤去皮的榛子。将榛子碾磨3~4次，直到坚果细碎。

用1磅（2杯）白砂糖和1杯水煮至240℃，用温度计测量。

关火，加入碾碎的榛子和1/2杯焦糖香精。

焦糖香精的制作方法：在平底锅中放入1杯白砂糖，炒至熔化并变成棕色，略微焦糊。慢慢加入2杯水，煮至焦糖全部溶解。打发至浓稠并呈奶油状，摊在撒有糖粉的大理石台面上。

待凉后摇制成小球状，再裹上甜巧克力。[29]

在特立尼达岛分拣可可豆（出版商：贝恩新闻社，标题卡上没有记录拍摄日期，来自美国国会图书馆）

吉百利（Cadbury），英国

特立尼达曾经是吉百利公司大部分可可种植园的所在地。但到了 20 世纪初，他们约 55% 的可可进口来自中非的葡萄牙殖民地圣多美。该公司声称雇佣的工人可以随时自由离职，但 1901 年，威廉·吉百利（William Cadbury）收到一个购买附近庄园的报价，售价为 3555 英镑，包括土地、车辆、牲畜和 200 名黑人劳工。工人与牲畜一起出售的情况让他感到担忧，从那天起，吉百利公司开始了对葡萄牙劳工改革的长期努力。[30]

与此同时，记者亨利·内文森（Henry Nevinson）在同一地区的调查揭示了广泛存在的奴隶制度，这些调查最终导致了新法案的诞生。然而，尽管有证据显示，吉百利公司在接下来的8年内仍未放弃与圣多美的贸易活动。在持续的调查和改革运动之后，吉百利公司与弗莱（Fry's）公司、罗特里（Rowntree's）公司以及德国制造商斯托尔韦克（Stollwerck）公司最终停止了在该地区的可可生产。

这开启了一场关于商业巧克力生产商及其与不道德行为的关系的长期博弈，不仅涉及可可种植园，还涉及糖厂，因为这两者与商业巧克力经济是相互依赖的。值得一提的是，罗特里、弗莱和吉百利的贵格会（见前注）伦理建立在坚实的价值观上，他们的职业伦理反映出一种普遍性的财富观，惠及社区、社会和劳工。

其他公司，如雀巢（Nestlé），其创始时间并不比吉百利晚多少，却是一家备受争议的公司，经常因藐视人权法、从事现代儿童奴役和贩卖人口以及破坏森林和动物栖息地而受到批评，尽管他们在公众面前宣扬对此的零容忍政策。

具有讽刺意味的是，1918年埃格伯特·吉百利成为英国可可和巧克力公司的总经理，该公司是由 J.S. 弗莱父子公司和吉百利兄弟公司合并而成。尽管贵格会坚定奉行和平主义，埃格伯特却在第一次世界大战中参了军，并击落了两艘齐柏林飞艇，致使两组机组人员全部丧生。

以下食谱摘自《吉百利实用食谱》（*Cadbury's Practical Recipes*）。吉百利公司在20世纪中叶出版了这本书的几个版本。

巧克力蛋奶酥（舒芙蕾）食谱

3个鸡蛋，1/2杯白兰地（约2液量盎司），2盎司砂糖，1/2盎司明胶，1汤匙伯恩维尔（Bournille）巧克力，1½杯奶油或淡牛奶（约7液量盎司），香草精。

制作方法：

准备舒芙蕾：

剪下一长条纸，足够环绕盘子的外侧，深度能够到达盘子底部并向上延伸约 2 英寸。将其放在外侧，确保紧密贴合，用别针或绳子固定。

方法：将过筛的可可粉、蛋黄和糖放入碗中，在热水锅上加热，直至变浓稠和奶油状。打发奶油或淡牛奶，并将其与香草精加入已变浓稠的混合物中。将明胶溶解在热水中，搅拌入其他配料中。待放凉后，拌入打发的蛋白至硬挺。倒入事先准备好的容器中，放在阴凉处待至凝固。

小心地把纸从蛋奶酥的侧边拿掉，然后装饰。[31]

C.J. 范豪滕父子公司（C.J.Van Houten & Zoon），荷兰

我们今天得以享用固态巧克力还要感谢荷兰人。在 1828 年，老卡斯帕鲁斯·范·豪滕（Casparus van Houten）发明了一种方法，将可可豆中的脂肪压榨出来，将可可脂减少了近一半，从而创造出一种可以被磨碎成可可粉的"糕"—— 这是所有巧克力的基础。他发明的巧妙的液压压榨机使制作饮用巧克力更加容易，此外还可以将可可粉与糖混合，然后再与可可脂重新混合，做成固态巧克力条。专利到期后，这为所有巧克力制造商提供了使用这种方法生产固态巧克力的机会，而英国的弗莱公司是最早采用这种方法的公司之一。[32]

卡斯帕鲁斯的儿子科恩拉德（Coenraad）将他父亲的发明推向了更高的水平，通过用碱处理可可粉，创造了一种称为"荷兰处理"的工艺，使得产品更加顺滑。此外，科恩拉德的儿子，也叫卡斯帕鲁斯（Casparus），加入了范豪滕公司，带来了对营销的独特见解，并将公司引向新的商业发

展方向。1897 年，小卡斯帕鲁斯开始在荷兰北部的维斯普建造一座拥有 99 个房间的巨大别墅，这是他作为豪门继承人所创造财富的象征。然而，这座别墅直到 1901 年他去世那一年才竣工。[33] 此外，关于范豪滕公司还有一个经常被引述的都市传说，据称他们曾经付钱给一个死刑犯，在他被处决前的最后时刻高喊他们公司的名字。我个人认为，不确定这是正面宣传还是负面宣传，但这确实是一个很精彩的故事。

荷兰降临节（Advent）巧克力曲奇食谱

（这是一道需稍储存后再食用的食谱）

1 杯糖蜜，2 杯红糖，1 杯磨碎的巧克力，1 杯黄油，1 茶匙小苏打，面粉。

制作方法：

混合以上材料，制成硬脆的面团，撒适量面粉，将面擀开。用一个直径约为 1.5 英寸的曲奇模具切割面团。将曲奇放在铺了油纸的烤盘上，在烤箱中烘烤。然后在烘焙和冷却后，将曲奇放入石罐中，放在阴凉的地方，保存 1 个月或 6 周后再食用。（早期荷兰人在感恩节的时候烘焙这些曲奇，以备圣诞节食用）。这样制作的曲奇呈现出柔软、有嚼劲的口感，并具有焦糖风味。[34]

查伯尼·艾特·沃克（Charbonnel et Walker）公司，法国

在 1875 年，查伯尼·艾特·沃克公司在伦敦新邦德街开设了他们的店铺。维珍妮（尤金妮）·查伯尼 [Virginie（Eugenie）Charbonnel] 和玛丽安（米妮）·沃克 [Mary Anne（Minnie）Walker] 曾是巴黎"布瓦希耶之家"（Maison Boissier）的糖果师，据说是受到当时的威尔士亲王爱德华七世（Edward Ⅶ）的劝说，决定到英国开设自己的生意。

1891 年，一名 23 岁的店员亚历山大·艾伯特（Alexander Albert）因为向他店经理求爱被拒而在他们巧克力店内开枪自杀。店经理曾因为同情他并照顾他度过了一次疾病，但不幸的是，亚历山大对女经理的行为变得过于执着，他经常跟踪她，喝醉酒后表现得十分咄咄逼人，并威胁说如果她不嫁给他就会自杀。[35]

查伯尼·艾特·沃克公司也是一家著名的茶店，有一位游客在 1888 年写下她在那里的体验，称赞那里的热巧克力是"我在这个国家品尝过的最好的巧克力"，还提到了装有巧克力的真皮野鸡皮和野兔皮袋子。[36] 尽管我们今天会认为这有些奇怪，但在 19 世纪，这却是一种时髦的装饰方式。后来，两位女创始人之间的关系逐渐恶化，最终导致一场涉及店铺字号使用权的重大诽谤案。

查伯尼·艾特·沃克公司以其巧克力软糖而闻名，因此，这里我们应该列举一道来自维多利亚女王的厨师查尔斯·弗兰卡泰利（Charles Francatelli）于 1867 年所创的食谱。

巧克力软糖食谱

将 1/2 磅细砂糖加入 2 盎司最好的法国巧克力，在一个盛满水的酒杯中将其溶解，使巧克力与糖混合在一起，再将酒杯置于一个有热水的锅内，放在火上搅拌酒杯内混合物，直至快要沸腾的状态，然后将其滴铺在六便士硬币大小的点上。[37]

特里（Terry's），英国

罗伯特·贝瑞（Robert Berry）于 18 世纪 60 年代在英国约克开

设了一家店铺，出售蜜饯、果脯和其他甜食。不久后，威廉·贝尔登（William Bayldon）加入了企业，建立了罗伯特·贝瑞（Robert Berry & Co.）糖果公司。与此同时，一名名叫约瑟夫·特里（Joseph Terry）的药剂师助理开设了自己的药店，并在后来与罗伯特·贝瑞的嫂子结为夫妇。不久后，约瑟夫接替了威廉·贝尔登的职务，企业的经营场所迁至圣海伦广场。罗伯特·贝瑞去世后，他的儿子乔治与约瑟夫合伙，创办了一个名为"特里和贝瑞"的公司，但这种合作伙伴关系仅维持了3年就终止了。随后约瑟夫·特里扩大了业务，并在全国至少75个城镇分销约瑟夫·特里父子公司的产品。

在约瑟夫·特里去世后，他的儿子小约瑟夫接管了公司，还建立了一个新的工厂，并扩展了店铺经营范围，包括一个舞厅和餐厅。约瑟夫因其在扩展新兴商业巧克力市场方面的成就而多次被封为爵士。1898年去世后，他的儿子托马斯（Thomas）和弗兰克（Frank）接管了生意。

特里家族的第一次悲剧发生在1910年，当时托马斯·特里因一次自行车事故导致败血症，不幸去世。[38]第三个兄弟诺尔（Noel）在银行工作了一段时间，后来加入了家族企业。诺尔在第一次世界大战期间因中弹导致腿部骨折，万幸的是，子弹被一只银烟盒挡住，他因此幸免于难。诺尔是20世纪30年代巧克力橙和特里标志性的"全金"（All Gold）选择的创意者。他与凯瑟琳·利瑟姆（Kathleen Leetham）结为夫妇，后者的父亲曾在家中用步枪自杀，年仅62岁。有证据表明，他曾长时间饱受失眠和抑郁之苦。[39]1944年，诺尔和凯瑟琳·特里的儿子肯尼斯（Kenneth）在第二次世界大战期间的一次训练中驾驶飞机在德国上空神秘坠海。不到1年前，肯尼斯才刚休假48小时去与艾薇·登耶尔（Ivy Denyer）结婚。[40]艾薇向《西萨塞克斯郡时报》（*West Sussex County Times*）投寄了一份书面悼念词：

在我们的心底，你依然活着，

我们深爱你，永不忘怀，

虽然无法看见你长眠之处，

但你将永远活在我们的记忆中。[41]

特里公司最受赞誉的产品之一是巧克力橙，我在这里提供了一份来自《家庭糖果师》（*The Home Confectioner*）的食谱，作者称之为巧克力橙果仁糖。由于其中不含坚果，我大胆决定将它们重新命名为巧克力橙翻糖。

巧克力橙翻糖食谱

2 磅砂糖，1 杯水，1/4 茶匙塔塔粉。

翻糖制作：

将上述材料放入锅中，搅拌至融化。盖上锅盖，煮 2～3 分钟，直到糖开始沸腾，变稠，并在冷水中滴下时形成软球。

将混合物倒入淋有冷水的石板、大理石板或托盘上，混合物应厚约 0.5 英寸。冷却 1 分钟，然后开始搓揉翻糖，直到变成坚硬的白色块。

在顶部铺一块湿布，静置半小时。再次揉捏，盖上盖子，储存备用。它可以保存约 2～3 周。

制作方法：

取所需的翻糖，并备好糖粉。将翻糖与少许糖粉混合，做成小球形或椭圆形，同时加入 1 只橙子挤出的果汁。

将每个单独的翻糖粒放在烘焙纸上，静置，直到干燥到可以处理。

用手或小叉子将每个翻糖粒浸入巧克力中，将其放在烘焙纸上，置于阴凉处使其凝固。[42]

精英巧克力（Elite Chocolate），以色列

施特劳斯集团（Strauss Group）的精英巧克力最初起源于拉脱维亚里加的莱玛巧克力（Laima Chocolate），当时那里有一个庞大的犹太人散居社区。糖果师埃利亚胡·弗罗门琴科（Eliyahu Fromenchenko）逃离了俄罗斯，因为在19世纪末，许多犹太人在生意上被排挤，他被迫来到了这个社区。

当纳粹上台时，弗罗门琴科再次被迫迁移，于1933年出售了莱玛巧克力。这次他与他的商业伙伴雅科夫·阿伦斯（Yaakov Arens）一起移民到英国控制下的巴勒斯坦，在特拉维夫的拉马干购买了房产，并于1934年开始生产新的"精英"巧克力系列。弗罗门琴科亲自走上街头推销他的产品，其中包括包裹着巧克力外壳的华夫饼和裹着芝麻的巧克力。

如今，精英巧克力和糖果已成为以色列的一个主要品牌，由国际食品和饮料公司施特劳斯集团控制。[43] 精英巧克力尤其以其果仁巧克力而闻名，因此我认为在此添加一个比较传统的果仁巧克力食谱是适宜的：

果仁巧克力食谱

1/2磅（2杯）杏仁，10盎司大块糖，覆盖外层用的巧克力。

制作方法：

将杏仁去皮并切碎，然后在烤箱中稍微烘烤，使之呈褐色。

用冷水冲洗奶锅，将糖放入奶锅中慢慢熔化，然后将其煮沸至金褐色。将糖倒在抹了油或黄油的平板或盘子上，待冷却。

将糖捣碎，然后捣碎杏仁，将它们混合在一起，直至能够形成小块。在双层锅中融化巧克力，将每个果仁糖浸入其中，然后放在蜡纸上晾干。[44]

玛氏公司（Mars），美国

2013 年，杰奎琳·巴奇·玛氏（Jaqueline Badge Mars）驾车在弗吉尼亚北部与一辆小型货车相撞，导致一名乘客丧生。她的父亲老弗雷斯特·玛氏（Forrest Mars Sr.），20 世纪 30 年代在英格兰斯劳开设了一家工厂，开创了玛氏巧克力帝国。弗雷斯特继承了父亲弗兰克的事业，他父亲在 20 世纪 30 年代创办了玛氏工厂，并开发了独特且高利润的"星河"巧克力棒，在明尼阿波利斯和芝加哥的业务也非常成功。弗兰克在 50 岁时因心脏疾病突然去世。与其他主要巧克力制造商不同，玛氏公司从未自己生产巧克力，而是从好时公司批发购买。

在西班牙内战期间，士兵们吃着用硬糖衣包裹的巧克力丸，以防止它们融化，这启发了弗雷斯特开发出"M&M's"巧克力豆。当时好时公司已经负责向军队提供所有军需巧克力，因此在第二次世界大战期间，他们有能力向玛氏公司供应他们生产的巧克力和糖来生产 M&M's 巧克力豆。

对于"M&M's"这个名称历来有两种说法。第一个说法是它代表了两位公司负责人的姓氏，即弗雷斯特·玛氏和布鲁斯·默里（Bruce Murrie）。第二个说法是它形成了一种联盟，是为了缓解弗雷斯特·玛氏与他已故父亲弗兰克·玛氏之间紧张的关系。[45]

巧克力牛轧糖是玛氏公司的主打产品之一，制作过程涉及将热糖浆与蓬松的蛋清混合，直至变硬。我在这里提供的巧克力牛轧糖食谱是商业用的，如果你只打算制作几个的话，可能需要缩小配方比例。

巧克力牛轧糖食谱（商业用）

4磅（1.8千克）糖，3磅（1.3千克）葡萄糖，1夸脱（2品脱）水，8个蛋清，85～113克苦巧克力。

制作方法：

将糖、葡萄糖和水煮到约127℃（260°F），同时将蛋白打发至硬挺。当糖达到127℃时，关火，用搅拌器搅拌至看起来像奶油，再加入苦巧克力，然后加入打发的蛋白，搅拌均匀，倒入铺有薄饼或平板的盒子中，盖上盖，加重压紧，放置2～3小时，然后切成条状。[46]

弗莱公司（Fry's），英国

弗莱是一家总部位于英国布里斯托尔的公司，从1728年一直运营至2011年。1935年9月11日，瑞士出生的雅各布·格卢尔（Jacob Gloor）担任J.S.弗莱父子有限公司（J.S.Fry & Sons Ltd）的首席糖果师，给朗特里有限公司（Rowntree and Co. Ltd）写了一封信，声称以5000英镑出卖有关制造弗莱公司著名的脆皮（Crunchie）巧克力棒的配方和制造方法的资料，随信还附带了一罐脆皮巧克力棒样品。在收到这封信后，朗特里公司的员工拒绝了这个提议，但没有回复。格卢尔随后又写了两封信（使用了假名），之后朗特里公司联系了弗莱公司的高级员工，告知他们格卢尔这个阴谋。[47]格卢尔被指控贪污，并被罚款50英镑，那时距离他可以每周领取4英镑的退休金仅剩一个月，按今天的货币计算，相当于略高于200英镑。后来还爆出，他之所以需要这5000英镑（相当于现今的25万英镑左右），是因为他投资不当，损失了大量资金。[48]讽刺的是，正是雅各布·格卢尔独自研发了弗莱公司脆皮巧克力棒的配方，并创造了成型、塑形和切割巧克力棒的独特工艺。

　　尽管弗莱公司创造了第一款实心巧克力棒，并成为维多利亚女王的官方巧克力制造商，但他们未能造就该品牌的商业成功。据说其中一个原因是他们在巧克力棒中为节约成本而使用了奶粉而不是新鲜牛奶，这使得产品的口感较差。

弗莱公司巧克力可可广告
［威康收藏创作共用许可（CC BY 4.0）］

20世纪最具标志性的巧克力棒之一是弗莱公司的土耳其软糖（Turkish Delight），早在1914年就推出了。有些读者可能还会记得从20世纪60年代到80年代的标志性电视广告中的难忘广告语："充满东方的承诺"。

土耳其软糖食谱

1盎司明胶片，1/2茶匙塔塔粉，1磅砂糖，1杯水，1颗橙子的汁和皮，1颗柠檬的汁。

制作方法：

将明胶片浸泡在1/2杯水中，浸泡几小时。

用1/2杯水加入糖煮沸，沸腾后加入明胶片，煮沸20分钟。从火上取下，加入调味品，过滤并倒入用冷水冲洗过的盘子中。等到变硬后，切成方块。在表面均匀涂上一层巧克力，然后滚上糖。[49]

澳大利亚巧克力（Australian chocolate）

多年来，吉百利公司与澳大利亚巧克力制造商达莱尔利（Darrell Lea）之间一直在进行品牌形象争夺战。这家位于南半球的澳大利亚公司对紫色包装的争议性使用一直让吉百利公司的高管们感到不满，他们认为紫色传统上与吉百利的巧克力联系在一起。虽然吉百利公司最近输掉了这场旷日持久的争端，但他们继续上诉，他们的营销专家强调"消费者可能会错误地将吉百利与达莱尔利联系在一起，反之亦然，因为通过共同使用紫色，两个品牌会在消费者心中产生联系"。[50]此外，吉百利公司后续试图在国际法院注册紫色商标的尝试也遭到失败，但他们仍在继续抗争。顺便提一下，吉百利公司曾收购过麦克罗伯逊公司（MacRobertson's），这是澳大利亚最大的巧克力制造商，也是"弗雷多蛙"（Freddo Frog）品牌最初的创造者。达莱尔利现在是一个完全不使用棕榈油的品牌，因为它认识到了在如今社会环境中使用符合道德的原材料的重要性。另外，为吉百利公司的巧克力提供棕榈油的美国亿滋公司（Mondelez）是全球无道德原材料生产最严重的不法商家，它的行为每年都威胁着猩猩的生存甚至可能导致他们的灭绝。

1914 年，巧克力制造商欧内斯特·希利尔（Ernest Hillier）创办了他的企业，向当地提供本地生产的巧克力。在此之前，澳大利亚的所有巧克力都必须从美国和欧洲进口，而由于距离、气候条件和运输限制，巧克力总是以糟糕的状态到达澳大利亚。

兔子在 18 世纪由欧洲移民引入澳大利亚大陆，但它们逐渐变成了一种不受欢迎的有害物种，造成当地经济和环境的破坏，并传入了黏液瘤病（译注：是一种由兔传播的高度致死性传染病）。因此，复活节兔子在澳大利亚不像其他地方那样受欢迎。复活节期间，黑格巧克力公司（Haigh's Chocolates）推广他们的巧克力"兔耳袋狸系列"，这是一种濒危的有袋动物，在澳大利亚比兔子更受喜爱。

黑格公司网站上有一系列美味的巧克力食谱，包括以下这个非常奢华的食谱：

欢庆巧克力慕斯蛋糕食谱

3 个特大号鸡蛋（轻轻打散），$1^1/_4$ 杯（310 毫升）脱脂牛奶，$1^1/_4$ 杯温水，1/2 杯（125 毫升）米糠油，2 茶匙香草精，$2^1/_2$ 杯（300 克）自发面粉，$2^1/_2$

杯（300克）生砂糖，1¼杯（150克）可可粉，2茶匙小苏打，1¼茶匙盐。

巧克力橙奶油慕斯制作：

2个200克的黑格甜品巧克力块（切碎），300毫升浓缩奶油，1½汤匙（30毫升）金黄糖浆，1茶匙橙皮碎，2汤匙干邑橙酒（Grand Marnier）或君度橙酒（Cointreau）（可选），340克无盐黄油（稍微软化）。

制作方法：

预热烤箱至180℃（风扇辅助160℃）。在3个20厘米圆形蛋糕模轻轻涂抹食用油，并在底部铺上烘焙纸。

用电动搅拌器将鸡蛋、脱脂牛奶、温水、油和香草混合在一起，慢慢搅拌至均匀。加入面粉、糖、可可粉、小苏打和盐，慢慢搅拌至混合均匀。

用秤称量，均匀地将面糊分装到3个准备好的蛋糕模中。

将蛋糕放入预热好的烤箱烘烤35分钟，直到插入的竹签从蛋糕中心抽出时干净为止。从烤箱取出，静置10分钟，然后倒扣在网架上完全冷却。使用面包刀将每个蛋糕的顶部削平，制成3个平坦的蛋糕层。

制作奶油慕斯时，将巧克力、奶油、糖浆、橙皮碎和橙酒放在一个中等大小的奶锅中，用小火煮并慢慢搅拌，直至巧克力融化，确保混合物不会变得太热。从火上取下，静置至室温。

待巧克力混合物冷却后，放入电动搅拌器的搅拌碗中，用打蛋器在中高速搅打，一点一点地加入黄油，直至混合物变白而顺滑，有光泽，呈慕斯状。

要覆盖蛋糕，将每一层蛋糕放在烤盘上，确保顶层朝下。将奶油慕斯放入一次性裱花袋中，剪开末端。挤出小型奶油糖吻，按下并挤压奶油，然后向上提起，形成尖端。重复此过程，直至所有蛋糕层都覆盖有奶油糖霜。将烤盘放入冰箱30分钟，让奶油慕斯凝固。

另备200克混杂新鲜浆果（如草莓、山莓、黑莓、蓝莓）和一束新鲜食用鲜花（如堇菜、龙葵、三色堇）。

> **组装蛋糕：** 在蛋糕中央的蛋糕架或盘子上放置底层蛋糕，在外围放置一些浆果，小心地将中间层放在顶部，并再次在外围放置一些浆果，最后将顶层小心地放在上面，确保它居中。小心地撒上浆果和食用鲜花。蛋糕最好冷藏至食用，这样更容易切割，因为慕斯仍然可以保持凝固状态。[51]

吉塔德（Guittard），美国

艾蒂安·吉塔德（Etienne Guittard）19世纪60年代从法国移民到美国，成为一名淘金者，他还带来了法国巧克力在旧金山进行批发交易。虽然淘金并不十分成功，但他被销售他商品的商店劝说去尝试制造巧克力，而这正是他曾接受过培训的老本行。艾蒂安回到法国，攒够了钱，购买了所需设备，然后在旧金山开了自己的店铺。[52]

1906年，他的儿子贺拉斯（Horace）在旧金山那次著名地震时期接手了家业。在严峻考验中，贺拉斯重建了企业并搬迁了经营场地，40年后店铺不得不再次搬迁，以适应新的道路规划——滨海高速公路。[53]

如今，公司由吉塔德的第四代人拥有和管理，是美国历史最悠久的家族连续经营巧克力制造的企业。

以下这个食谱由旧金山居民安娜·格里希藤（Anna Gerichten）小姐提供，是加州老菜的一部分。

巧克力通心粉食谱

3汤匙巧克力粉，3盎司通心粉，1杯牛奶，3汤匙糖，4个鸡蛋，1撮盐，1茶匙香草精，1/2个柠檬的汁。

> **制作方法：**
>
> 将巧克力放入少许热水中溶解。将通心粉放入牛奶中煮至非常软。打发鸡蛋，加入糖、盐和香草精，混合均匀，再加入巧克力和通心粉，放在涂了黄油的模具中烘烤。淋上打发的奶油，冷藏后食用。[54]

朗特里／雀巢（Rowntree's/Nestlé），英国／瑞士

雀巢的故事颇为复杂。它最初于 19 世纪 60 年代由瑞士的两位企业家创办，在婴儿奶制品和炼乳市场取得垄断地位后，又于 10 年后将巧克力融入其中——更确切地说是将奶粉与巧克力相融合。随之而来的是一系列并购、合伙和扩张，足以写成一本单独的书。

在 20 世纪 80 年代，他们收购了朗特里·麦肯托什（Rowntree Mackintosh）公司，该公司曾是全球最大的巧克力和糖果制造商之一，拥有广受欢迎的品牌，包括"凯利恬（花街）"（Quality Street）和"奇巧"（Kit-Kat）。

然而，雀巢公司也被指控存在一系列侵犯人权的行为，包括在其可可农场违反童工法。作为全球最大的拥有数千个下属品牌的食品公司，雀巢公司多年来一直面临着诸多丑闻的困扰，包括受到污染的婴儿奶粉、甜酥饼干面团和面条。他们还被指控操纵巧克力价格、强迫劳动和破坏森林生态。人们不禁想知道，举止温和、奉行贵格会原则的亨利·艾萨克·特朗里（Henry Isaac Rowntree），对于如今所有这一切会有何看法。

以下食谱摘自特朗瑞公司的小册子《特选佳肴》（"Elect" Recipes）。特朗瑞在 1887 年推出了一款名为"特选"（Elect）的可可粉，直到第二次世界大战之前都非常成功。

巧克力岩石饼干食谱

1/2 磅面粉（1 个早餐杯），3 盎司糖（3 汤匙），3 盎司人造黄油（3 汤匙），1 茶匙发酵粉或小苏打，1 汤匙朗崔的"电"可可粉，1 个鸡蛋（鲜蛋或干蛋均可），牛奶。

制作方法：

将面粉和可可粉混合，将人造黄油揉入面粉中，加入糖和发酵粉。将鸡蛋打散，倒入混合物中，加入约 1 汤匙牛奶，搅拌成硬面团。

将面团分成小块，摆放在涂抹了油的烤盘上，在快速烤箱中烘烤 15 分钟。

可做约 15 块小饼干。[55]

梅尼尔（Menier），法国

法国梅尼尔家族曾经是最大的巧克力生产商之一，拥有在法国和伦敦的工厂以及在纽约的分销中心。他们独特的营销形象，于 1892 年由菲尔明·比维塞（Firmin Buisset）创造：一个小女孩用一块巧克力在墙壁或玻璃上写下"梅尼尔巧克力"的画面，成为世界范围内广为人知的标识。该公司在两次世界大战之间陷入衰落，安托万·吉尔·梅尼尔（Antoine Gilles Menier）成为家族成员中的最后一位经营这家企业的人，直到 20 世纪 60 年代中期。

亨利·梅尼尔（Henri Menier）在 1853 年至 1913 年担任首席执行官，他是一个有点古怪和喜爱冒险的人。1895 年，他买下了加拿大属的安蒂科斯蒂岛，该岛于 1534 年被雅克·卡尔蒂埃（Jacques Cartier）发现，由于其海岸附近发生了大量船只失事事件，有时被称为"海湾坟墓"。

亨利在岛上建造了一个村庄，他将其命名为梅尼尔港，并在那里经营鱼类和贝类的罐头制造业务。他还引入了各种猎物，包括鹿、驯鹿、驼鹿、水獭、海狸、貂、麋鹿、青蛙和兔子，供狩猎的人们娱乐。当地的原著动物是黑熊和狐狸。岛上还建造了一座名为"梅尼尔庄园"的城堡，但在20世纪50年代不幸被拆除。在他去世后，岛屿的所有权转移到了他的兄弟加斯顿（Gaston）手中，后来又被一个大型纸业公司收购。在接下来的40年里，梅尼尔家族每年夏天都会使用这个岛屿，在特制小木屋或位于河口的亭子里接待客人，每个小木屋被设计成可容纳6个人。[56]

　　这个狩猎和钓鱼的天堂本身就颇具奇趣，但安蒂科斯蒂岛曾经只有两个家庭在这个长达100英里岛屿的两端定居，并为遇险者提供帮助。[57]在此之前，这个岛屿与海盗行为和食人族有关，并落入过许多不同的殖民大国的手中。

　　也许岛上最有趣的居民是著名的海盗路易斯－奥利维尔·加马奇（Louis-Olivier Gamache），他以黑暗的超自然力量而闻名。他声名可怕，以至于直到他于1854年去世之前，没有人敢打扰他在岛上的生活。更有可能的是，加马奇只是一个知识渊博的人，可能是一个白魔法（译注：又称白巫术，指对人有益处的魔法，与其相对的是黑魔法。一般认为，黑魔法用来控制人的灵魂，而白魔法用来控制人的心灵）的实践者，他可能为了寻求与世隔离而故意创造了自己的可怕声誉。据记载，有一年冬天，加马奇狩猎之旅后回来，发现他的妻子和孩子在他不在的时候冻死了。这一悲剧使他变得更加孤僻，直到他某天在早餐时喝了一口海军朗姆酒后，最终不幸去世。[58]加马奇湾是岛上比较安全的港口之一，即是以他的名字命名，他被称为加拿大法语区的"鲁滨逊·克鲁索"（译注：是丹尼尔·笛福创作的长篇小说《鲁滨逊漂流记》中的主要人物）。如今，大约有200名居民居住在该岛的梅尼尔港区，该地区最近还申请了世界文化遗产地位。

虽然梅尼尔公司多年前被雀巢公司收购，但它仍然销售少量产品，其网站上也有大量的美味巧克力食谱，其中就包括下面这款苦甜巧克力炖咖喱羊肉的食谱：

苦甜巧克力炖咖喱羊肉食谱

（4～6人份）

1个大洋葱（去皮、切碎并打成泥），2茶匙芥末籽，2汤匙姜根，10片咖喱叶，8粒丁香，1/2茶匙豆蔻粉，1茶匙克什米尔辣椒，2个青椒（切碎），600克羊肩肉（切成丁），4个中等大小的土豆（削皮切丁），800克罐装番茄，1升鸡汤，1/2茶匙姜黄，2根肉桂棒，100克植物油，30克梅尼尔黑巧克力，1茶匙芫荽粉，4瓣大蒜（捣碎），1茶匙盐，适量胡椒粉。

制作方法：

将油倒入一个大的厚底平底锅中，中火加热，待油变热，放入丁香、芥末籽、咖喱叶和肉桂棒，煮约1分钟，关火，用漏勺捞出香料，搁置一旁。然后将平底锅放回火上，锅烧热后，加入羊肉丁，翻炒约5分钟，不断搅拌，确保羊肉丁的各面都变成褐色。羊肉变褐色后，从锅中取出，搁置一旁，保留锅中的热香料油。将平底锅放回火上，加入大蒜、洋葱泥、姜和青椒，小火翻炒，不断搅拌，直到洋葱开始变成褐色。加入豆蔻粉、克什米尔辣椒、姜黄、芫荽粉，小火翻炒约10分钟，不断搅拌。加入之前炸香的羊肉和香料、丁香、芥末籽、咖喱叶和肉桂棒，搅拌，确保均匀混合。再加入罐装番茄、鸡汤、盐和胡椒，烧开，盖上密封的锅盖，关小火，炖约1小时。

加入土豆，翻炒至沸腾。再次盖上锅盖，调小火，慢慢炖煮1小时，或直到羊肉和土豆变软。煮熟后，从火上取下，轻轻拌入黑巧克力，确保不要弄碎羊肉和土豆。尝一尝，根据需要调味。

食用方法：将咖喱舀入预热的碗中，加入1勺天然酸奶和1把芫荽叶。这道菜与蒸椰子饭一起享用，效果更佳。[59]

歌帝梵（Godiva），比利时/土耳其

歌帝梵公司成立于 20 世纪 20 年代，由约瑟夫·德拉普斯（Joseph Draps）在比利时布鲁塞尔创立，是一家专注于生产精致优质巧克力并采用精美优雅包装的公司。德拉普斯将他的公司以中世纪贵妇戈吉弗（Godgifu，意为上帝的礼物）的名字命名，戈吉弗因仅以头发遮掩身体裸体骑马穿过街道而闻名。戈吉弗（或称歌帝梵）据说是为了抗议其丈夫利奥弗里克（Leofric）施加的严苛税收而这样做的。尽管戈吉弗本人在《末日审判书》（*Doomsday Book*）中有详细记载，但没有直接证据支持这个传说。

如今，歌帝梵在世界各地拥有数百家零售店，但德拉普斯为什么决定以她的名字来命名自己的公司尚存在争议。如果这个传说是真实的，她肯定是位勇敢和富有挑战精神的女性，以她的方式挑战自己的丈夫，而德拉普斯在建立一个代表时尚、独特性和品质的公司方面确实同样表现出坚韧不拔的精神。[60] 尽管歌帝梵一直被认为是违反童工法的大公司之一，但这种好声誉多年来仍一直保持着。还应该强调的是，歌帝梵公司实际上并不自己生产巧克力，比利时巧克力制造商嘉利宝（Callebaut）才是它的主要供应商。

纽豪斯（Neuhaus），比利时

除了被认为是巧克力果仁糖的发明者外，让·纽豪斯（Jean Neuhaus）和他的妻子路易丝（Louise）还被认为是 1915 年创造了法式巧克力包装盒的人。在这个装饰性小纸板盒子问世之前，巧克力通常都是装在锥形纸里出售的。不过查伯尼·艾特·沃克公司在这个所谓发明前至少

6年就用类似的包装盒销售巧克力了，其他制造商可能也在使用类似的包装盒，所以也许这是一个在巧克力历史档案中需要重新考虑的事实。

托尼巧克力公司（Tony's Chocolonely），荷兰

在这一部分中，最后要介绍的巧克力制造商是一个与糖果界格格不入的存在，因为托尼公司的追求超越了普通巧克力，他们更要努力争取生产与奴隶绝无关系的"无奴隶"（slave-free）巧克力。荷兰记者特恩·范·德·库肯（Teun van de Keuken）以调查公平贸易问题而闻名。他的一部纪录片促使了托尼巧克力公司的成立，这是一种完全不使用奴隶

托尼巧克力公司的"符合道德"的巧克力产品（©Emma Kay）

劳工的巧克力。特恩·范·德·库肯对主要巧克力制造商在加纳和科特迪瓦滥用劳工行为的程度感到震惊，于是他在警察局内举行了一场单人抗议活动，购买并消费了尽可能多的巧克力棒，然后要求以参与非法童工贸易的罪犯身份逮捕自己。尽管他的案子在法庭上无果，但他的抗议在世界范围内产生了影响。托尼公司的使命是将"无奴隶"巧克力作为制造的标准方式。他们直接与农民合作，农民还会得到额外的报酬，并接受培训和教育。托尼巧克力公司是为数不多的几个确切知道他们的可可豆来源的巧克力品牌之一。在这个至今仍然非常黑暗的行业中，该公司的存在像是黑暗中的一丝微光。

巧克力屋

巴黎的第一家巧克力屋于 1675 年开业，这比英国的第一家巧克力屋开业大约晚了 20 年的时间。英国这家巧克力屋位于伦敦主教门大街皇后巷，具有讽刺意味的是，当时这家巧克力屋的店主却是一名法国人。除了王室和贵族，18 世纪伦敦的戏院、巧克力屋和休闲花园还经常被一些时髦的人，或者被称为"花花公子"的人光顾。他们戴着假发、穿着华丽的外套，还涂脂抹粉，追求最新的时尚潮流，争夺"侯爵"的头衔。

伦敦尤其是一个满是纨绔子弟的城市。在乔治王时代，娱乐和花钱外出消费成了一种新的时尚。像切尔西的沃克斯豪尔（Vauxhall）和兰尼拉（Ranelagh）等休闲花园提供了有顶棚和灯光的人行道、乐队看台、表演者、烟花以及食物和饮料，其中包括巧克力的销售，而马里波恩的小茶园则吸引了政治家和音乐家等客人。由于女人被允许进入这些场所，所以它们迅速成为咖啡馆受欢迎的替代品。这些休闲花园也充满了情色的氛围，在这里，适中的门票费为浪漫的心跳感提供了无限可能性。这些社会特权阶层的生活方式在麦基（Macky）1714 年发表的《英格兰之旅》（Journey Through England）一文中得到了简洁的描述：

> 我们九时起床，那些达官贵人们经常在其中享乐到十一时。大约到十二时左右，上流社会的人聚集在几家咖啡馆或巧克力屋中。我们坐椅子或轿子被抬着去这些地方。如果天气好，我们就在公园散步，直到下午两时才去吃正餐。一般大家是在咖啡馆聚会，然后去酒馆吃饭，在那里我们会坐到晚上六时，然后去看戏，除非你受邀到某位大人物的餐桌上吃饭。看完戏后，一群好友一般会去汤姆咖啡馆和威尔咖啡馆，这两家咖啡馆相邻，那里有打扑克牌的，也有谈笑风生的，直到午夜。[61]

咖啡馆里供应茶、咖啡、巧克力，有时还有冰冻果子露，这些都是从大木桶中取出来的。每家咖啡馆和巧克力屋根据客户群体有着自己的特点。有辉格党（Whig）和托利党（Tory）（译注：二者都是英国旧时的党派）的咖啡馆，吸引作家和表演者的咖啡馆，还有声誉不佳的咖啡馆。通常需要支付 1 便士的入场费，一杯热饮的价格为 2 便士。如果你是常客，会给你预留座位。它们通常在早上 9 时左右开门，次日凌晨 2 时左右关门。

这些场所内外时常发生打架斗殴事件。1717 年，在伦敦圣詹姆斯街的皇家巧克力屋外发生了一场不断升级最终失控的争吵，其中 3 名涉案男子身受重伤，第 4 个人（坎宁安上校）幸亏他的仆人机智地挡在主人面前将他从现场拉开才幸免于难。[62] 1846 年 8 月 15 日星期六的凌晨在齐普赛街的会馆咖啡馆发生了一起谋杀案，在那次事件中，厨师约翰·V. 史密斯（John V.Smith）用刀割断了厨房女仆苏珊·托利戴（Susan Tolliday）的喉咙。他在同年8月21日被执行绞刑。[63] 当被问及为什么这样做时，史密斯回答说："我是被迫这样做的。她整个早上都在对我讲下流话。我有妻子和4个孩子，我怕自己会因为她的话而失去晚上的工作。"[64]

•••

其中最声名狼藉的一家咖啡馆是"汤姆·金咖啡馆"，这家咖啡馆位于伦敦的考文特花园，由受过高等教育的汤姆·金（Tom King）和他凶悍的妻子莫尔（Moll）共同拥有和经营。莫尔曾经是一名街头坚果摊贩，她在丈夫去世后继承了这处地产。这个咖啡馆实际上只是卖淫等不法活动的幌子，莫尔经常因经营妨碍治安的生意而被送上法庭。"在这里，你可能会看到一些妓女，她们打扮得像贵族，服饰丝毫不逊于她们，身边还有像男仆一样穿着的家伙，他们是她们的皮条客，穿着易容伪装，这样更容易欺骗那些不幸把目光投向这些欺骗性很强的水性杨花女人的年轻人。"[65]

一本名为《哀悼考文特花园》（Covert Garden in Mourning）的书于1747年出版，讽刺性地对莫尔·金的生活进行了致敬。事实上，这位老鸨和罪犯如此臭名昭著，甚至被画家霍加斯（Hogarth）永久地绘制在画布上。莫尔·金还经常被与丹尼尔·笛福（Daniel Defoe）于1722年出版的小说《莫尔·弗兰德斯》（Moll Flanders）的主人公联系在一起。在1818年托马斯·帕克斯（Thomas Parks）编纂的一本英国诗人合集中，有一首诗歌中对莫尔提出了严厉的谴责。她被描绘成一个野蛮而可怕的女人，在考文特花园恶名远扬。该书还暗示她死于梅毒，这是一种在18世纪广泛传播的极其痛苦和致残性的性病。然而，1854年出版的另一个不同版本的书中则将莫尔描述为一个"非常机智"的女人，汤姆·金咖啡馆被描述为"各色人等"都光顾的地方，莫尔乐于为"烟囱清扫工、园丁和卖东西的人提供与最高等级的贵族"一样的服务。[66]

汤姆·金咖啡馆的故事展示了一些这些场所不光彩以及淫秽活动的例证，但也让我们了解了乔治王时代社会对妇女的看法和偏见。巧克力屋既是顾客们喝巧克力的地方，也是人们聚会、分享八卦和机智段子、政治辩论或做生意的地方。人们在这里也策划着最卑劣的阴谋。

威廉·霍加斯（William Hogarth）于 1736 年绘制的汤姆·金咖啡馆插图

····

帕特里克·戴利巧克力屋建于 18 世纪 50 年代左右建于都柏林，是爱尔兰最臭名昭著的俱乐部之一，以赌博而闻名，据称在这里进行了爱尔兰半数土地的转手。据记载，许多顾客被扔出窗外，使用剑和手枪的决斗也司空见惯。[67]

怀特巧克力屋于 1693 年由弗朗西斯·怀特（Francis White）在当时被称为布道尔俱乐部（Boodle's Club）所在地的一座房子里开设。弗朗西斯于 1697 年将其搬迁至圣詹姆斯街 69/70 号。他于 1711 年去世，他的遗孀接管了生意，然后于 1725 年将其转交给了约翰·阿瑟（John Arthur）。1733 年它被一场大火摧毁。霍加斯在《浪子生涯》（Rake's Progress）（第 6 版）中记录了这个场景，其中描述当时一群人全神贯注于自己的活动，以至于没有注意到火灾发生。它还突出强调了该巧克力屋客户群的多样性，有强盗，有贵族，也有放贷人。火灾后，俱乐部和巧克力屋被迁移到了街道西侧的冈特咖啡馆，然后于 1736 年再次搬迁。[68] 它之后成为一个私人赌场，其主要成员包括德文希尔（Devenshire）公爵和乔蒙德利（Cholmondeley）伯爵、切斯特菲尔德（Chesterfield）伯爵、罗金汉姆（Rockingham）伯爵等人，被称为"伦敦最时尚的地狱"。

其他臭名昭著的巧克力屋还包括位于帕尔莫尔街的斯米尔纳巧克力屋、罗奇福德夫人巧克力屋以及罗宾巧克力屋，这些地方显然吸引了"大使、外国领事和普通外国人"。其他值得注意的聚会场所包括科克斯普尔街的英国咖啡屋、布莱克希思巧克力屋和展翅鹰巧克力屋。当时的文学界人士和有头有脸的人物经常光顾考文特花园的约翰巧克力屋、柴尔德巧克力屋以及巴斯顿或巴顿咖啡馆。[69] 特鲁比巧克力屋据说主要是神职人员光顾，艾萨克·牛顿（Issac Newton）爵士（译注：1643 年出生，英国著名物理学家，百科全书式的"全才"）和汉斯·斯隆（Hans Sloane）（译注：1660 年出生于爱尔兰，著名内科医生和大收藏家）则会在德弗洛宫的希腊人酒家喝酒，而塞缪尔·约翰逊（Samuel Johnson）（译注：1709 年出生，是英国文学史上重要的作家、诗人和文学评论家）则在斯特兰德的突厥头咖啡馆进餐。

查理二世（Chaeles Ⅱ）曾在 1675 年短暂地禁止巧克力屋，他发布了《取缔咖啡馆宣言》，试图禁绝人们在那里鼓吹激进的政治言行。[70] 但他的法令显然失败了，这无疑是因为这种饮料的受欢迎程度以及伦敦精英人士对相关休闲活动的热爱。

伦敦的许多巧克力屋成为圣詹姆斯地区的代名词。这种关联可以追溯到威廉三世统治时期，发生于 1697 年至 1698 年 1 月的一场大火摧毁了白厅宫（译注：又称为怀特霍尔宫，是 1530 年至 1698 年英国国王在伦敦的主要居所），迫使皇家宫廷重新迁回圣詹姆斯街。火灾发生前，圣詹姆斯街和贝尔梅尔街只有两家巧克力屋——怀特巧克力屋和奥津达巧克力屋。之后在 1698 年有了可可树巧克力屋，1702 年有了斯米尔纳巧克力屋，1704 年或 1705 年有了茅草屋酒馆，1705 年有了圣詹姆斯咖啡馆，所有这些都迎合了附近受到圣詹姆斯广场吸引的新精英居民们。[71]

在漫长的发展过程中，可可树巧克力屋在贝尔梅尔街迁移了三个不同的经营地点，最后搬到了圣詹姆斯街 64 号。它曾经过多样化的业务变更，既经营过俱乐部，也曾做过食品店，但它最终在 1932 年消亡了。事实上，它当时是西区唯一的一家俱乐部，与怀特俱乐部一起可以追溯到 17 世纪初期的巧克力屋。

约翰·塔利斯（John Tallis）于 19 世纪中叶出版了一系列绘制精美的伦敦街景图册，其中一幅插图显示了 1839 年的可可树巧克力屋，它被描述为：

> 它有三层主楼和一个阁楼，一楼有一个连续的铁阳台栏杆，二楼有一个水平窗户。底楼是不规则的，在北边宽阔的方头通道入口之间有一扇朴素的方头正门，通往篮球场，南边有一扇三光窗户。三扇半圆顶的窗户，中央的窗户置于一个浅浅的半圆拱凸处，为二楼提供了采光。三楼的窗户与此类似，但尺寸较小，两侧各有一个方头窗户。

这样做的结果是过分强调了中心位置，为本来朴素的正面增添了些许矫揉造作。[72]

可可树巧克力屋当时似乎很受当今以小说《格列佛游记》（*Gulliver's Travel*）而闻名的讽刺作家乔纳森·斯威夫特（Jonathan Swift）的青睐，它似乎也是保守党人钟爱的聚会场所。受人尊敬的历史学家和作家爱德华·吉本（Edward Gibbon）在他 1762 年的日记中写道：

> ［我］和霍尔特在可可树巧克力屋用餐，然后我们去看戏。演出结束后，又回到可可树巧克力屋。那是个可敬的组织，我有幸成为其中的一员，每天晚上都能领略真正英国式的风景。大概有二三十个英国上流社会的头面人物，在屋子的中央，围坐在一张铺着桌布的小桌子旁，吃着冷肉或三明治，喝着潘趣酒（译注：一种果汁鸡尾酒，酒精度较低）。目前，我们这里到处都是枢密院顾问团成员和宫廷内臣，他们一跨入内阁，就把他们的旧式原则和语言与现代原则和语言结合在一起，形成一个非常奇特的混合体。[73]

到了 19 世纪，可可树巧克力屋与政治和热饮已关系不大，而更多地与酗酒有关。它曾接待过威尔士（Wales）亲王、谢里丹（Sheriden）（译注：生于 1751 年，是英国杰出的社会风俗喜剧作家、政治家和演讲家）和拜伦（Byron）（译注：生于 1788 年，是英国 19 世纪初伟大的浪漫主义诗人）等人。1926 年遭受严重火灾，导致其在 1932 年关张停业。据说当建筑工人在地基下钻孔时，发现了一条通往皮卡迪利大街一家酒馆的隧道，毫无疑问，这肯定是为反叛分子提供的在巧克力屋被抓捕时逃脱的途径。[74]

乔治二世的妻子卡罗琳（Caroline）王后坐在轿子里被抬到奥津达巧克力屋的台阶旁边时，轿子落地时不小心摔落，摔坏了她观看歌剧的望远镜，但王后没有受伤。[75]奥津达巧克力屋位于圣詹姆斯宫的北侧，店主奥森达（Osenda）先生于 1724 年返回自己的祖国法国，将巧克力屋及其所有物品，包括鼻烟、酒、葡萄酒和肉桂水出售。像可可树巧克力屋和怀特巧克力屋一样，奥津达巧克力屋也是保守党人的热门聚会地点。

有时被称为美国弗吉尼亚州里士满市创始人的威廉·伯德（William Byrd）在他的日记中写道，奥津达巧克力屋是一个喝巧克力、赌博和看报纸的地方。[76]事实上，威廉·伯德的日记更多地揭示了这个男人和他永不满足的性欲，包括对其仆人和奴隶的无数性骚扰，以及在他访问伦敦期间与妓女的多次际遇。从 1709 年到 1741 年，他用代码写了若干本日记，这些日记令人惊讶地幸存了下来。他的写作充满了当时在南部各州人们对性行为和厌女症的深刻见解。他沉迷于控制和权利，对女性下属进行了无情的侵犯，从接吻、抚摸到性交，甚至常常在他妻子能听到的地方进行。他还描述了关于他的朋友和男性伴侣，以及他们在社会各个方面不断试图强迫小女孩和女性的种种劣迹。[77]

私人巧克力制造者

查理二世国王很喜欢巧克力，经常在他的御医夸特梅因（Quartermaine）的建议下饮用，夸特梅因医生宣称巧克力有助于缓解便秘，于是国王每天早上会喝一杯巧克力，然后休息半小时，此时"他起床后，很快就有了便意。"[78]

　　然而，实际上是威廉三世国王和玛丽王后在 17 世纪 90 年代使皇家巧克力制造师合法化，并在汉普顿宫建造了一个特别的巧克力厨房，这一趋势一直得到了王室的支持，从而使得巧克力在社会生活中越来越重要。然而，威廉国王和玛丽王后的行为十分矛盾，因为他们曾同意在 1695 年对茶、咖啡和巧克力征收额外关税。

　　到了乔治一世时代，国王的私人巧克力制造师托马斯·托西尔（Thomas Tosier）不仅在宫里有自己的厨房，还有自己卧室，以便随时为国王准备早晚的巧克力。他的妻子格雷丝·托西尔（Grace Tosier，也称为 Tozier）是伦敦布莱克希斯一家巧克力店的店主。格雷丝备受推崇和尊敬，她的第二次婚姻是嫁给比她小 30 岁的一名酿酒师。[79] 她在城里小有名气，常在自己的巧克力屋举办体面的舞会和晚宴，而且总是戴着花朵和夸张的帽子。

　　格雷丝在社区中如此成功，以至于艺术家巴托洛缪·丹德里奇（Bartholomew Dandridge）于 1729 年专为她绘制了一幅肖像画。这幅画成为一件收藏艺术品，永远留存了她的传奇。然而，就像 17 世纪和 18 世纪的所有巧克力屋一样，格雷丝的场所也吸引了有争议的团体和帮派，包括越山主义者（Anti-Gallicans）（译注：越山主义即教皇至上论者，是 19 世纪天主教会强调教皇权威和教会权力集中的理论），这是一个致力于对法国进行持续抵制的团体——从法国人民到法国文化和商品。[80]

　　虽然托马斯·托西尔早已经远去，但最后见到乔治二世国王活着的人竟是他的这位巧克力制造师。根据日常习惯，这位巧克力制造师在国王每天早上饮用巧克力时，在他的"早朝会"（一种在少数人面前穿衣的仪式）

期间，他会打开窗户注视国王出去散步。那天国王离开房间后，这位巧克力制造师听到一声叹息和一声闷响，他连忙跑去帮助国王。只见国王躺在地板上，头部受伤，从此再也没有醒过来。[81]乔治二世统治时期 1750 年的王室账目中列出了一个详细的每月支出，12 月茶、咖啡和巧克力的最低支出为 16 英镑 15 先令，而最高消费为 8 月和 9 月的令人震惊的 24 英镑 9 先令（相当于今天的 2000 多英镑）。[82]顺便提一下，乔治二世的妻子卡罗琳王后也拥有自己的巧克力制造师，名叫提德（Teed）先生，他也住在圣詹姆斯宫。她的前任安妮（Anne）王后的巧克力制造师肯定非常忙碌，因为据称其每月为她提供大约 90 品脱的巧克力。[83]

其中最莫名其妙的一次针对巧克力师实施的犯罪发生在 1725 年，伦敦霍尔本的雀羽酒馆的老板福斯特·斯诺（Foster Snow）涉嫌谋杀了巧克力制造商托马斯·罗林斯（Thomas Rawlins）。罗林斯被刺伤了胸部。根据庭审记录，罗林斯被描述为一个欠斯诺很多钱，并且在喝醉时容易行为不当的人。当罗林斯进入酒馆请求将自己带来的兔子烹饪成晚餐时，两人争吵起来。罗林斯的妻子也来了，她和斯诺也发生了激烈的争吵，然后斯诺打了她一巴掌。当这对夫妻起身离开时，斯诺紧随其后，从附近的梳妆台上抓起一把刀，将罗林斯刺死。他被判有罪，并于 1725 年 10 月 7 日被判处死刑。[84]

在 18 世纪，其他一些巧克力制造商似乎也有犯罪倾向。丹尼尔·凯布尔（Daniel Cable）是一位"杰出的巧克力制造师"，于 1748 年因作伪证而受审。而唯一工作是助理巧克力制造师的荷西·尤尔（Hosea Youell）则于 1747 年因抢劫和谋杀约瑟夫·约翰斯（Joseph Johns）船长而受审。约翰斯因刀伤而在附近的房间内躺卧了数天，奄奄一息，荷西被捕后，被带到约翰斯的床边，船长在去世前认出了他，并说："你这个野蛮的恶棍，你就是那个用刀刺我的家伙。"荷西否认这一指控，但随后依然被逮捕了。[85]

有时候，巧克力制造商们本身就是暴行的受害者。在 1813 年被威灵顿（Wellington）（译注：生于 1769 年，是 19 世纪英国著名军事家和政治家）的军队占领之前，西班牙的圣塞巴斯蒂安被法国统治。那次攻城之后，整个城市被疲惫、混乱且喝得醉醺醺的英国和葡萄牙军队接管，有关士兵们残暴和骇人听闻行为的陈述层出不穷，说他们抢劫、掠夺和焚烧城市，而且行凶杀人和强奸。其中一份陈述列出了城中被谋害和强奸的具体情况，包括一名牧师，一名银匠的妻子，一位巧克力制造商，其店铺也被抢劫，以及另一位被称为"好女孩"的巧克力制造商。[86]事件发生后，劫后余生的市民们聚集在一起，给威灵顿捎信，要求他对自己军队所犯下的暴行进行经济补偿。威灵顿拒绝了市民们的所有要求，并否认这些指控。时至今日，这座西班牙城市仍通过举行年度纪念仪式来纪念这段历史以及那些遭受苦难的人们。

在西班牙宗教裁判所（the Spanish inquisition）（译注：成立于 1478 年，隶属于西班牙王室，以残酷迫害异端著称，旨在维护王国内天主教的正统地位，持续了 350 多年）时期，被驱逐到葡萄牙的犹太群体成为巧克力制作方面的权威，他们在 16 世纪从很早期的食谱中学会了这门技艺。后来他们将这些知识带到了巴斯克地区，包括圣塞巴斯蒂安和现今法国的巴约讷。罗伯特·林克斯（Robert Linxe）是法国著名巧克力精品连锁店"巧克力之家"（La Maison du Chocolat）的创始人，该品牌如今已经发展成为一个重要的国际性巧克力连锁品牌。林克斯在巴约讷学会了如何制作巧克力，以下是他所学的当地食谱：

罗伯特·林克斯的巴约讷巧克力食谱

取 1 升浓鲜奶油，将其煮沸，慢慢地将其倒入 3 磅 12 盎司半苦巧克力上，让巧克力融化。像打蛋黄酱一样搅拌，直至变稠。加入 3½ 盎司软化的优质黄油。

去掉伊克萨苏（Itxassou）樱桃（产自法国伊克萨苏村的一种樱桃）的果核，将樱桃通过食品研磨器磨成细泥。加热果泥，加入少许酒精（白兰地或当地果酒），并将液体煮至黏稠，加入巧克力混合物中。将其冷藏，然后切成块，并蘸上融化的巧克力。这可能有点难度，您也可以将其捏成球状，然后在可可粉中滚动，制成松露巧克力球。[87]

林克斯有时会将巧克力馅料与来自西班牙的柑橘汁混合在一起，然后制成扁平的小长方形，并浸入巧克力中。他称这种创意为"阿尔内吉"（Arneguy），这也是法国西南部一个村庄的名字。

历史上，犹太商人和妇女在世界各地都被迫遭受迫害和偏见。只需一瞥英国 19 世纪的报纸，就能看出当时活跃在伦敦的重要犹太面包师群体所受到的潜在敌意。

巴布卡（Babka）在以色列称为"克兰茨"（Kranz），是东欧传统的甜味编织面包，通常塞满或卷起各种馅料，巧克力是其中最受欢迎的馅料之一。下面的食谱是从在线生活杂志 delish.com 的面团和配料部分组合而来，而巧克力馅则来自香农·萨尔纳（Shannon Sarna）的《现代犹太面包师》（*Modern Jewish Baker*）。

巴布卡食谱

巴布卡面团配料：

1/3 杯（80 毫升）温牛奶，1 小包（0.25 盎司）速溶酵母，1/3 杯（70

克）细砂糖（分成两份），1 ⅔杯（212克）普通面粉（分成两份），2个大鸡蛋，1茶匙（6克）海盐，6汤匙（84克）软化黄油。

馅料配料：

6盎司黑巧克力（切成块），3/4杯无盐黄油（室温），1/2杯糖，1/3杯可可粉，1/4茶匙肉桂粉，一小撮细海盐。

馅料制作方法：

在微波炉专用碗中，将巧克力每隔30秒加热一次，直至完全融化，期间用小刮刀持续搅拌。静置2分钟，稍凉。将黄油和糖搅打至顺滑。加入可可粉、融化的黑巧克力、肉桂粉和盐。用于涂抹巴布卡内部。[88]

糕点表面层配料：

3汤匙（21克）糖粉，3汤匙（21克）普通面粉，1汤匙（14克）黄油，1/2茶匙肉桂粉，一小撮海盐。

蛋液刷层配料：

以上鸡蛋保留的蛋清，1茶匙细砂糖，一小撮海盐。

制作方法：

制作面团：将温牛奶、酵母、2/3杯面粉和4茶匙糖加入配有立式搅拌机的碗中。用刮刀搅拌均匀，然后盖上盖子，静置至少30分钟，最多2小时。

一旦面团形成少量气泡，加入1个整鸡蛋和1个蛋黄（保留蛋清用于蛋液刷层），以及剩余的1杯面粉、剩余的1/4杯糖和盐，低速搅拌，直至充分混匀，然后逐渐增加到中高速搅拌。继续搅拌，每2～3分钟用刮刀刮一次碗，直至面团变得有弹性，并从碗边上溢出来，需要6～8分钟。

在搅拌机运转的情况下，逐渐加入黄油，每次加入1汤匙，待每汤匙完全融入面团后再加入下一汤匙，需要5分钟。继续以中高速搅拌，直至面团光滑，需要3～5分钟。盖上碗盖，冷藏至少2小时，最多可冷藏一晚上。

在准备制作巴布卡前30分钟，先制作巧克力馅料：在微波炉专用碗中，将黄油、奶油和 1 杯巧克力豆一起融化，每次加热 20 秒，直至光滑，每次加热之间应不停搅拌，以防止焦糊。搅拌入果皮（如果使用）和盐。在使用前冷却。

制作糕点表面层：在一个小碗中，将糖粉、面粉、肉桂粉和盐搅拌均匀。用指尖均匀地搓入黄油，直到黄油均匀分布在表面并形成小块。冷藏备用。

制作蛋液：在一个小碗中，将上面留下的蛋清与糖和盐搅拌均匀。

将冷藏的面团放在撒了面粉的平板上，擀成一个薄薄的 16 英寸正方形，刷上融化的黄油。用抹刀在面团上均匀涂抹巧克力馅料，然后在顶部撒上剩余的 3/4 杯巧克力豆。将面团紧紧卷成绳状，然后将面绳对折，并将两段面绳相互缠绕 3 圈。

在一个 $8\frac{1}{2}$ 英寸 $\times 4\frac{1}{2}$ 英寸的长方形烤盘的底部铺上羊皮纸，将编好的面绳放入烤盘中，面绳两端塞在下面，轻轻地将面团压平。在整个烤盘上刷上更多的蛋液，然后撒上粗面粉，并轻轻按压以粘附到面团上。盖上盖子或保鲜膜，让面团发酵，直到面团差不多膨胀至烤盘边缘的位置，约需要 1 ~ 1.5 小时。将烤箱预热至 375℃ 15 分钟，就可以烘烤了。

烘烤时间为 45 ~ 50 分钟，直到面色顶部呈深金色，面团中心的温度达到 190 ~ 205℃。

用羊皮纸的两端将面包举起，移到冷却架上，待面包完全冷却后再切片。[89]

第 *4* 章
在文艺作品中与巧克力邂逅

几十年来，巧克力一直在具有前卫或讽刺主题的电影中占据着重要地位，如《查理与巧克力工厂》（*Charlie and the Chocolate Factory*）、《浓情巧克力》（*Chocolat*）、《面包与巧克力》（*Bread andChocolate*）、《巧克力战争》（*The Chocolate War*）。它还成为戏剧作品的焦点主题，比如菲利普·布拉斯班德（*Phillippe Blasband*）的《巧克力食客》（*The Chocolate Eaters*），该剧探讨了巧克力成瘾的后果。

艺术作品中对巧克力的表现既有负面的，又时常是富有诱惑力的。歌曲、文学和诗歌中充满了巧克力的灵感引用。像奥利维亚·鲁伊斯（Olivia Ruiz）的《巧克力女人》（*La Femme Chocolat*）、比吉斯（BeeGees）的《巧克力交响曲》（*Chocolate Symphony*）和凯莉·米洛（Kylie Minogue）的《巧克力》（*Chocolate*）这样的歌曲，都在歌词中流淌着苦乐参半的意味。同样，著名诗人和散文作家也曾探讨过巧克力不断变化的意义。以巧克力作为作案手法的投毒者也曾是小说作品的灵感来源，比如美国作家约翰·迪克森·卡尔（John Dickson Carr）根据克里斯蒂娜·埃德蒙兹案创作了《黑色眼镜》（The Black Spectacles）；玛丽·安·埃文斯（Mary Ann Evans）的哥特式中篇小说《揭开的面纱》（The Lifted Veil）中狠毒的贝莎一角被认为反映了巧克力投毒者玛德琳·史密斯的真实事件（你可以在第 1 章中了解这两个人物）。

20 世纪 60 年代，瑞士莲（Lindt）巧克力公司制作了其牛奶巧克力的包装纸，上面使用了华特·迪士尼动画电影《白雪公主》（Snow White）中的插图，而我们都知道那个故事是多么超现实。[1] 视觉艺术中的巧克力常常象征着其迷人、放纵和邪恶的内涵。

奴隶叙事角度也是理解巧克力阴暗一面的不可或缺的组成部分。资本主义甜蜜享乐背后的腐朽通过音乐、舞蹈和仪式得到了历史性的反映。蓝调和民谣音乐根植于流离失所、不公正、不道德和灵魂幸存的痛苦，它们起源于奴隶们的种植园哀歌。

历史文学中的巧克力

17 世纪的讽刺作家们喜欢把巧克力进入社会生活的有关情景写入作品中。英国剧作家威廉·康格里夫（William Congreve）在他的讽刺戏剧《如此世道》（The Way of the World）（1700）中，将第一场设定在一个巧克力屋里，对话围绕赌博、骗局和欺诈展开，一下子突显出主角们的懒散和道德低下。

罗伯特·古尔德（Robert Gould）在他 1693 年王政复辟时期（译注：指 1660 年英国曾经历了一段无王时期，后查理二世登基为王）的诗歌

《时代的堕落》(*Corruption of the Times*)中将性、情欲和懒惰与巧克力联系起来。[2]

　　同样，马修·普赖尔(Matthew Prior)于 1704 年的诗歌《汉斯·卡维尔》(*Hans Carvel*)中，将主人公的妻子描述成一个轻浮的女人，她的快乐仅限于"音乐、交际和游戏"。她经常上午十点才起床，然后喝一杯巧克力，再回到床上睡两小时。她的其余时间都花在与情人调情和尽可能地夜不归宿，以确保她享受到伦敦 18 世纪歌舞升平夜生活的所有乐趣。巧克力被置于她肤浅的一天的核心位置，提醒我们这种饮料曾经与享乐主义和放荡的道德紧密相关。[3]

　　亚历山大·蒲柏(Alexander Pope)的讽刺诗《劫发记》(*The Rape of the Lock*)也嘲笑了 18 世纪时的社会，并将神话与当时的实际人物和事件进行了比较。他将制作巧克力与对"伊克西翁"(Ixion)(译注：是希腊神话中的人物，因触犯神明而被愤怒的天神宙斯打入地狱，被绑束在一个永远燃烧和转动的轮子上)的惩罚进行了比较，伊克西翁因试图引诱天后赫拉(Hera)(译注：是希腊神话中统治世间万物至高无上的天神宙斯的妻子)而被驱逐出奥林匹斯山。

> 或许，就像伊克西翁(Ixion)被束缚在那里，
>
> 这个可怜的人将感受到，
>
> 旋转的磨坊使人头晕眼花，
>
> 在燃烧的巧克力的烟雾中发光，
>
> 并在下面泛起泡沫的海洋里瑟瑟发抖！[4]

在卡洛·戈尔多尼(Carlo Goldoni)的《咖啡屋》(*The Coffee*

House）（1750 年）中，我们再次被提醒，自从巧克力被引入社会以来，性暗示就一直与巧克力紧密相连。剧中，巧克力作为一种饮料，成为两个淫秽角色——赌徒尤金尼奥（Eugenio）和舞者莉莎乌拉（Lisaura）——之间的暗示性对话的主题：

莉莎乌拉："您最谦卑的仆人。"

尤金尼奥："女士，你起床多久了？"

莉莎乌拉："我刚刚起床。"

尤金尼奥："你喝咖啡了吗？"

莉莎乌拉："还没有，现在还早。"

尤金尼奥："我可以为你送茶吗？"

莉莎乌拉："非常感谢，但不用麻烦您了。"

尤金尼奥："一点都不麻烦。孩子们，给这位女士送咖啡、巧克力，她要什么都可以，我付钱。"

莉莎乌拉："谢谢，谢谢，但我在家里自己泡咖啡和巧克力。"

尤金尼奥："你的巧克力一定很好喝。"

莉莎乌拉："非常完美。"

尤金尼奥："你自己做吗？"

莉莎乌拉："我的仆人很有才华。"

尤金尼奥："你是否希望我稍微加工一下你的巧克力？"

莉莎乌拉："啊，您不必担心。"

尤金尼奥："如果你允许，我会陪你一起喝。"

莉莎乌拉："这不是为您准备的，先生。"

尤金尼奥："我很高兴接受任何东西。来吧，打开门，我们一起待会儿。"

　　莉莎乌拉："请原谅，但我不会轻易开门的。"

　　尤金尼奥："好吧，告诉我，你想让我从后门进来吗？"

　　莉莎乌拉："来我家的人没有什么可隐瞒的。"

　　尤金尼奥："来吧，打开门，我们不要闹出事来。"[5]

　　在那个吃巧克力被认为是淫荡的时代，这段耐人寻味的对话中对后门和搅打巧克力的提及，足以让人在字里行间读出性的端倪。

　　在 18 世纪，除了少数烹饪食谱外，巧克力仍然主要被视为一种饮料。那是一个战争、社会进步和科学并存的时期，工业革命已经在望。它也被认为是一个道德观念混杂、各社会阶层之间并不和谐的时代。汉娜·格拉斯（Hannah Glasses）的"伪巧克力"食谱很好地吻合了这个社会架构。

"伪巧克力"食谱

　　取 1 品脱牛奶，用文火煮沸，加入一些整块肉桂，用里斯本糖调味。打散 3 个蛋黄，全部放入巧克力锅中，单方向搅拌，否则会变味。用巧克力杯盛放上桌。[6]

　　威廉·梅克皮斯·萨克雷（William Makepeace Thackeray）在他的作品中多次提到巧克力屋。在他的轶事性作品《四个乔治》（*The Four Georges*）中，正如标题所暗示的，涵盖了乔治一世到乔治四世统治时期的一段丰富多彩的历程。萨克雷写道："想象一下，风度翩翩的绅士们涌向巧克力屋，在红色窗帘上轻拍他们的鼻烟盒，他们的假发映衬在红色的窗帘上。"而且，"英国人有一个不成文的规矩，每天至少要去一次这样的地方，他们在那里谈论业务和新闻，阅读报纸，经常彼此对视而不开口。我每天早上都去圣詹姆斯街的巧克力屋消磨时间，里面总是人满为患，一个人在里面几乎都无法转身。"[7]

到了 17 世纪末，任何一家正经的咖啡馆都会出售巧克力，以迎合当时富裕消费者不断变化的口味和时尚。

理查德·布里格斯（Richard Briggs）是一位 18 世纪的厨师，他还在常有律师们聚集的坦普尔咖啡馆工作过。他于 1788 年撰写了《英国烹饪艺术》（*The English Art of Cookery*），其中包含了一个巧克力泡芙的食谱，是放在书写纸上来烘烤（不确定效果如何）：

巧克力泡芙食谱

取 1/2 磅细砂糖，打匀并过筛，加入 1 盎司细细的巧克力，并混合在一起。将 1 个鸡蛋的蛋清打至非常高的泡沫，然后加入巧克力和糖，搅打至像面糊一样黏稠，然后在书写纸上撒上糖，将糊状混合物摊滴在纸上，如六便士硬币般大小，用非常慢的烤箱烘烤，烤好后将其从纸上取下，放在盘子里。[8]

维多利亚时期多产的小说家 L.T. 米德（L.T.Meade）在她为年轻人写的许多书中，详细描述了她在学校时的"巧克力派对"。这些聚会是学校女同学聚在一起会面和交谈的场合。在爱尔兰长大的米德描述了这样一个场景："可可桌子被拉到壁炉前，一个形状古怪的托盘上放着明亮的可可壶和设计奇特的杯子和碟子。"[9] 她告诉我们，每次会有五六个女孩参加这种聚会，由学校的一位女教师在她的住处组织，她们会围坐在一起，围着盛满了的可可杯聊天谈笑。

19 世纪的女学生似乎以违规的深夜零食而闻名。据说，纽约瓦萨尔女子学院的女学生的这一行为推动了巧克力软糖制作的流行。这种软糖的制作方法是由埃梅琳·巴特斯比·哈特里奇（Emelyn Battersby Hartridge）介绍给学生们的，她从巴尔的摩的一位朋友那里获得了包含奶油、糖、黄油和巧克力的食谱。这种制作巧克力软糖的热潮迅速传播到了美国其他女子学院，如史密斯学院和威尔斯利学院，它们分别加入不同成分，如红糖和棉花糖形成了自己的独特风味。[10] 以下是1899年美国早期出版的瓦萨尔学院的食谱［由S. G. 布朗森（S.G.Bronson）提供］：

瓦萨尔学院巧克力软糖食谱

　　2杯糖，1杯牛奶，5茶匙贝克巧克力粉。煮沸，不断搅拌，直到变硬稠，倒入涂了黄油的平底锅内。大约5分钟后切成焦糖块。[11]

这个食谱中列出的"贝克巧克力"（Baker's chocolate）很可能是指位于马萨诸塞州多塞特的贝克巧克力公司（The Baker Chocolate Company）的产品，该公司是美国最古老的巧克力制造商，创立于18世纪70年代，但现在归卡夫亨氏食品公司（Kraft Heinz Foods）所有。贝克巧克力公司的创始人之一约翰·汉农（John Hannon）据说在一次前往西印度群岛购买可可豆途中失踪了，从此再也没有被人看到过。[12]

夏洛蒂·勃朗特（Charlotte Brontë）的小说《维莱特》（*Villette*）中有几处提及巧克力。这是一个关于爱情、跨文化问题、分离以及主人公露西·斯诺（Lucy Snowe）追寻自我发现和独立的悲剧性激情故事。她与她爱上的男人保尔·埃马纽埃尔（Paul Emanuel）一起分享了简单的巧克力面包、热巧克力和新鲜鸡蛋，以及作为茶点的巧克力。这些都是由露西本人作为女主人以开玩笑的方式端上来的。巧克力的提及可能被认为是他们内心激情的象征，因为在许多场合他们都亲密地分享这种奢侈品。具有讽刺意味的是，在书的结尾，甚至还暗示埃马纽埃尔在前往西印度群岛的途中去世，而那里恰恰是大量可可豆被交易的地方。

19 世纪的许多文学作品都描绘了奴隶制度，其中最让我印象深刻的是夏洛特·勃朗特的《简·爱》(Jane Eyre)。读这本书时，很难不去分析罗切斯特 (Rochester) 先生的"阁楼疯女"——他富有的克里奥尔女继承人被抛弃并关在阁楼里的情节。她到底是谁？她的故事是怎样的？她的行为是否理应得到这种极端的对待？简·里斯 (Jean Rhys) 在她 1966 年的小说《藻海无边》(Wide Sargasso Sea) 中探讨了这些问题。一些作家，如塞缪尔·泰勒·柯勒律治 (Samuel Taylor Coleridge)，也是公开的废奴主义者，他的诗《奴隶贸易颂》(Ode to the Slave-Trade) 是 1795 年在布里斯托尔发表的一系列演讲的一部分，谴责了人类对社会贪婪的迷恋。他列举了朗姆酒、棉花、原木、可可、咖啡、辣椒、姜、靛蓝、红木和蜜饯等完全不必要的奢侈品。[13] 然而，柯勒律治在 1833 年的《解放法案》出台时对其持不屑一顾的态度，他认为当时上层的进步是庸俗不堪的。

查尔斯·狄更斯 (Charles Dickens) 在《双城记》(A Tale of Two Cities) 中对饮用巧克力的提及暗示了它与法国贵族的过时关联。到了维多利亚时代，将巧克力作为一种饮料而不是吃固体巧克力已经不再被认为是一种时尚。

主教大人即将喝巧克力。主教大人可以轻松地吞下许多东西，而在一些沉默寡言的人看来，他正在迅速吞下法国整个国家。但是，没有四名壮汉和厨师的帮助，主教大人的早餐巧克力根本无法进入他的喉咙。[14]

以下是一个巧克力布丁的食谱，于狄更斯《双城记》出版的同一年发表，显示了在烹饪方面，当时巧克力已经从最初作为饮料发展到了更高级的阶段。

巧克力布丁食谱

将 2 盎司的巧克力刮成非常细的粉末，加入 1 茶匙肉豆蔻和肉桂混合物。放入锅中，倒入 1 夸脱浓牛奶，搅拌均匀，盖上锅盖，煮沸。然后搅拌巧克力，压碎所有的颗粒，重复此步骤，直到其变得非常光滑。然后一边搅拌一边逐渐加入 1/4 磅过筛的糖，让它冷却。将 8 个鸡蛋打匀，倒入过滤器中，然后倒入巧克力中，搅拌均匀后烘烤。此布丁应该冷藏后食用。[15]

加夫列尔·加西亚·马尔克斯（Gabriel García Márquez）是 20 世纪最著名的拉丁美洲作家之一，或许由于他的文化背景，他在许多作品中频繁提及巧克力。在《百年孤独》（*One Hundred Years of Solitude*）一书中，他暗示巧克力具有让一位神父悬浮起来的独特能力，如此巧妙地描述了巧克力的神奇魅力。与此同时，詹姆斯·乔伊斯（James Joyce）的《尤利西斯》（*Ulysses*）则展示了巧克力消费方式发生的变化，从原本只有少数人品尝的奢侈品，变成了普遍可获得的固体巧克力棒："工人踉踉跄跄地挤过人群，朝着电车轨道前进，远离铁路桥下，布卢姆一副气喘吁吁、面红耳赤的样子，把面包和巧克力塞进旁边的口袋里。"这段描写凸显了巧克力在当时的转变，已从一种罕见的异国情调的奢侈品，变成了更广泛人群可以享受的固体巧克力零食，反映了文化和社会对巧克力消费态度的演变。[16]

●●●

到了 20 世纪中叶，巧克力的利用方法变得五花八门，从馅饼、布丁、蛋糕到饼干、糖果和各种美味甜点。当印度于 1947 年获得独立时，许多女性作家开始站出来讲述自己的故事，比如纳扬塔拉·萨哈加尔（Nayantara Sahgal）于 1954 年出版的《监狱与巧克力蛋糕》（*Prison and Chocolate Cake*）。

这是一本以一个小女孩视角书写的回忆录，故事发生在印度阿拉哈巴德，小女孩与父母以及将成为印度首任总理的叔叔贾瓦哈拉尔·尼赫鲁（Jawaharlal Nehru）一起成长。纳扬塔拉谈到家里茶点时通常只有面包和黄油，所以当有一天家里端上一块美味的"浓郁的巧克力蛋糕，从内到外都是巧克力，顶上还有巧克力花纹"时，她感到非常惊讶。[17]然而她并不知道，这块蛋糕代表着在警察来抓走他们的父亲之前的一种甜蜜象征，这是他们一家为了自由运动而经历的众多牢狱之灾之一。

以下是印度的 Khoya 巧克力扭扭食谱。Khoya（又称 khoa）即印度炼乳，在印度次大陆广泛使用，是一种通过将全脂牛奶在数小时内加热浓缩而制成的奶制品。

Khoya 巧克力扭扭食谱

250 克印度炼乳，2 大匙可可粉，1 大匙巧克力粉，$1\frac{1}{2}$ 大匙糖（研磨），$3\frac{1}{2}$ 大匙核桃仁（切碎）。

制作方法：

在一个干热的印度铁锅或平底锅里轻轻翻炒印度炼乳，直到熟透。

稍微冷却后，加入巧克力、可可粉和糖，揉匀，制成薄卷。

将切碎的核桃仁铺在盘子里。将每个卷滚在核桃仁中，使核桃仁粘在卷上。

将两个卷卷在一起扭结，捏住两端。

10个糖卷可以制作5个巧克力扭扭。

您还可以用银箔纸装饰这些扭扭。[18]

儿童文学中的巧克力

荷兰有一个名为《巧克力屋》（*The Chocolate House*）的民间故事。这个故事在19世纪90年代被一位来自乌得勒支的女性传给了一个民间故事采集者。故事本质上是一个类似《汉塞尔与格蕾特》（*Hansel and Gretel*）的情节，两个孩子在树林中迷路，偶然发现了一座完全由巧克力制成的房子。他们几乎不敢相信自己的运气，开始大口吃掉房子，直到一个尖厉的声音喊道："是谁在啃我的房子？肯定是只小老鼠。"

一位老妇人出现了，她在巧克力制成的桌子上给孩子们吃东西。他们用糖制的杯子和盘子吃喝，直到不久后孩子们才发现，他们的命运是永远为女巫工作，否则他们都会变成动物。有一天，女孩成功地诱使老妇人靠在花园的井边，然后将她推入井中。孩子们在森林里与家人团聚，并找到女巫的宝藏，然后一家人过上了幸福的生活。[19]

荷兰人喜欢吃涂抹巧克力碎屑的黄油面包，这是一种真正的早餐享受。这些巧克力碎屑甚至有一个名字，叫作"Hagelslag"，意思是冰雹，即起来像冰雹下落的声音。这是一个可以追溯到中世纪的习俗，当时荷兰人在面包上撒上茴香籽，特别是在庆祝新生婴儿到来的时候。这种风尚逐渐流行起来，碎屑变得越来越精致。到了 19 世纪，它们被称为"muisjes"（小老鼠），有各种各样的颜色。甚至这些装饰性的糖粒的形状也在不断变化，为女孩准备的是光滑的糖衣，为男孩准备的则是粗糙的糖衣。[20] 随着巧克力的到来以及它成为欧洲人喜爱的早餐方式——法国、意大利、英国的巧克力和面包，西班牙的油条（churros）等——荷兰人很快也开始在面包上撒上巧克力碎屑。

荷兰巧克力碎屑（©Emma Kay）

••••

在奇幻文学中，最令人难忘的有关巧克力的典藏莫过于《哈利·波特》(*The Harry Potter*)系列。巧克力蛙经常出现在书中，特别是在《哈利·波特与魔法石》(*The Philosopher's Stone*)向读者和哈里介绍邓布利多(Dumbledore)教授的时候。在《哈利·波特与阿兹卡班的囚徒》(*Prisoner of Azkaban*)中，一块巧克力帮助哈利从遭遇摄魂怪后的惊吓中恢复过来。在"哈利·波特与神奇动物"的官方网站上，作者 J.K.罗琳(J.K.Rowling)隐晦地写道：

> 无论在麻瓜界还是巫师界，人们都知道巧克力具有提高情绪的特性。对于那些在摄魂怪附近失去了希望和幸福的人来说，巧克力是完美的解药。
>
> 然而，巧克力只能是短期的治疗方法。如果一个人想永久地变得更快乐，就必须找到抵御摄魂怪（或抑郁症）的方法。过量食用巧克力对麻瓜和巫师都没有好处。[21]

伊妮德·布莱顿(Enid Blyton)的作品充满了可供烹饪参考的内容。在《五伙伴历险记》(*Five Get into Trouble*)中，新来的男孩理查德(Richard)暂时加入了队伍，为了给他们留下好印象，他把"在一流蛋糕店看到的一块精美的巧克力蛋糕"带到了他们的一次野餐上。该书包含了所有常见的布莱顿式的调查情节，从错误的身份、绑架、一座孤寂的老房子、监禁和逃跑，到晚餐前被关起来的坏人。[22] 布莱顿痴迷于强烈的道德观念，有人引述她的文字，认为她对孩子的侵扰流露出厌烦的观点，这也是为什么她更喜欢通过写作来与孩子们互动的原因。

《点石成巧克力》(*The Chocolate Touch*) 是对希腊神话《米达斯》(*Midas*) 中所呈现道德观的现代诠释，米达斯因贪婪而使自己能将所触摸的一切都变成金子。帕特里克·斯基恩·卡特林 (Patrick Skene Catling) 的小说用巧克力代替了金子，最终导致小约翰·米达斯在亲吻母亲脸颊时将母亲也变成了巧克力，从而让他学会了一些关于自我控制、过度无节制和自私自利的可怕教训。该书本质上是一个成长叙事，探讨了孩子们在步入青少年时期时所经历的许多挑战。

当然，还有许多其他的儿童书籍专注于教导孩子们从过度食用巧克力中获得的宝贵教训。其中最明显的是《查理与巧克力工厂》，这本书的电影版我稍后会在本章中专门介绍。然后还有罗伯特·基梅尔·史密斯 (Robert Kimmel Smith) 的《巧克力男孩》(*Chocolate Fever*)，讲述了一个小男孩经历了过度沉溺于巧克力后身体所承受的后果。同样，《巧克力蒂娜》(*Chocolatina*) 由埃里克·克拉夫特 (Erik Craft) 创作，这本书中小个子的女主人公蒂娜 (Tina) 将"你吃什么，你就是什么"这一短语引申到一个全新的令人不安的层面。还有最可怕的，克里斯·卡拉汉 (Chris Callaghan) 的《巧克力末日》(*Chocopocalypse*)——是的，没错，讲的是一场席卷全球的威胁到巧克力存亡的即将发生的灾难。

电影与巧克力

罗阿尔德·达尔 (Roald Dahl) 的经典小说《玛蒂尔达》(*Matilda*)（1996 年被改编成电影）中布鲁斯·博格特罗特 (Bruce Bogtrotter) 被迫在同学面前吃下一整块巧克力蛋糕的场景一直萦绕在我的梦中（实话实说，现在仍然还有一点）。看到一个孩子被如此有辱人格的方式羞辱和折磨，尽管其中有幽默的色彩，还是令人痛心。

以下是一份摘自 1939 年《生活杂志》（*Life Magazine*）的巧克力蛋糕食谱，值得重新创作电影里这个场景（没有那些令人不快的元素）。

摩卡双层巧克力蛋糕食谱

2 杯过筛的自发面粉，3/4 茶匙盐，1 茶匙小苏打，4 块无糖巧克力，1/2 杯黄油，1/2 杯咖啡糖浆，2 杯糖，3/4 杯酸奶或脱脂奶，2 茶匙香草精，2 个鸡蛋。

咖啡糖浆制作：

将 $1\frac{1}{3}$ 杯水和 3 汤匙糖煮沸，加入 3/4 杯研磨咖啡。从火上取下，盖好盖，静置 5 分钟。过滤干净。

面粉过筛，加入盐和小苏打，再次过筛并搅拌均匀。

在双层锅的上部，将巧克力、黄油和 1/2 杯咖啡糖浆混合在一起，置于烧开的水上，煮至巧克力融化，不断搅拌，冷却后加入糖。将面粉和牛奶分两次交替加入，搅拌均匀。加入香草精和鸡蛋，搅拌 2 分钟。在两个涂抹了黄油的 9 英寸平底锅中，以中等烤箱温度 177℃（350°F）烘烤 30 ~ 35 分钟。在两层蛋糕之间和蛋糕的顶部和四周涂抹用剩余咖啡糖浆制成的咖啡黄油霜（见下）。用切碎的山核桃做一个边框进行装饰。

咖啡黄油霜制作：

2/3 杯黄油，5 杯过筛的糖粉，5 汤匙咖啡糖浆。

将黄油打发，逐渐加入部分糖粉，每次加入后搅拌均匀。再将剩余糖粉和咖啡糖浆交替加入，直至达到适合涂抹的正确浓度。[23]

●●●

《巧克力情人》（*Como agua para chocolate*）是一部成功的墨西哥电影，于 1992 年上映，改编自劳拉·埃斯基维尔（Laura Esquivel）于

1989 年发表的同名小说。影片以一位墨西哥女厨师为中心，讲述了一个复杂的爱情故事，最终以主人公们意外且过早的悲剧性死亡告终。烹饪成为表达爱与恨的载体，同时也象征着主人公蒂塔（Tita）一生所受的奴役。小说中的许多食谱都是情节的核心，包括以下这个制作巧克力片的食谱，蒂塔在怀疑自己怀上了情人的孩子时准备了巧克力片。

第一步是烘烤可可豆。最好使用金属平底锅，而不是平底陶锅，因为陶锅的微孔会吸收可可豆释放出来的油。注意，这个细节非常重要，因为巧克力的好坏取决于三个因素：使用的可可豆是否上好且无缺陷，是否混合了几种不同类型的可可豆来制作巧克力，以及烘烤的时间。

建议将可可豆烘烤至它们开始出油的那一刻。如果在此之前将其取出，制成的巧克力颜色不正常且不好看，也难以消化。另外，如果在火上烤的时间太长，大部分豆子会被烤焦，会使巧克力变得苦涩。

当可可豆像上面介绍的那样烤好后，可以用筛子进行清洗，将壳与豆分开。在磨石（研磨用的石头）的下方放置一个内装热火的平底锅，待磨石被加热后，开始研磨巧克力。将巧克力与糖混合，用木槌捣碎并一起磨碎，然后将混合物分成小块。根据自己的喜好，将这些小块手工捏成长片状或圆片状，并摆放在通风处晾干。如果愿意，你还可以用刀尖标记出分割点。[24]

● ● ●

多年来，巧克力经常成为许多书籍和电影中探讨人性阴暗面的催化剂。《浓情巧克力》（Merci Pour le Chocolat）是一部于 2000 年上映的法国电影，改编自夏洛特·阿姆斯特朗（Charlotte Armstrong）1948 年撰写的小说《巧克力蜘蛛网》（The Chocolate Cobweb）。这是一部家庭悬疑剧，其中的一个角色涉嫌在每天晚上定期准备的巧克力饮料中下毒。

《巧克力战争》（*The Chocolate War*）是 20 世纪 80 年代美国的一部残酷的青春成长电影，改编自罗伯特·科米尔（Robert Cormier）于 1974 年撰写的同名小说。故事发生在一个天主教男校，情节围绕着学生们为募款而出售巧克力展开。本质上是一本关于男性权力斗争、欺凌、操控和心理战的书，其中包含了暴力、恐惧和扭曲的道德观念。

下面是一个 20 世纪初期美国的巧克力坚果糖食谱。由于关于坚果过敏规定限制的原因，您今天可能无法在学校买到这种糖果，但我相信所有坚果爱好者都会喜欢品尝这个简单的食谱。

巧克力坚果糖食谱

1 杯砂糖，2 杯红糖，1 杯牛奶，1 块鸡蛋大小的黄油，2 块苦巧克力，1 茶匙香草精。

制作方法：

将以上材料放入冷水中煮沸，直到变硬。

从火上取下，加入 1 杯切碎的坚果，倒入涂抹了黄油的盒子中，让其冷却。[25]

《匿名情绪》（*Romantics Anonymous*）是一部 2010 年法国和比利时合拍的电影，其主要情节围绕着一家老式的濒临倒闭的小巧克力制造商展开。这部电影在 2017 年又被改编成了舞台音乐剧。电影包含了与社交焦虑、康复和戒瘾有关的主题，与另一部以巧克力工厂为背景的黑色喜剧《疯狂巧克力》（*Consuming Passions*）相比，它的主题可能更加积极。《疯狂巧克力》改编自由巨蟒剧团（Monty Python）（译注：是 20 世纪 70 年代英国著名的六人喜剧团体）传奇人物迈克尔·帕林（Michael Palin）

和特里·琼斯（Terry Jones）编写的剧本，故事讲述了3名工厂工人死在巧克力缸中，并被切成树莓夹心巧克力，而这些巧克力被以新品牌"激情"（Passionelles）投放市场销售的可怕后果。这个新品牌迅速取得成功，以至于工厂老板不得不想出创新的方法来代替这一可怕的成分。这一情节有点类似于《理发师陶德》（Sweeney Todd）。

●●●

最著名的巧克力工厂在银幕上留下了不朽的印记，并为各种作品提供了更广泛的奇特主题。《查理与巧克力工厂》（Charlie and The Chocolate Factory）中由罗尔德·达尔（Roald Dahl）饰演的角色查理·巴克特（Charlie Bucket）的家庭境况不佳，他甚至与祖父母共用一张床。这部作品已经成为一部举世公认的经典小说和电影，被数百万人所熟知和喜爱，多次被改编，也受到许多人的批评。该作品的灵感来自达尔的学生时代，当时，吉百利公司邀请南德比郡的孩子们品尝新的巧克力产品，由特立独行的糖果制造师威利·旺卡（Willy Wonka）主导，他的作品包括令人瞠目结舌的巧克力河，河边环绕着可食用的植被，以及为印度王子建造的巧克力宫殿。据描述，这座宫殿拥有数百个房间，"有的是用黑巧克力制成，有的是用白巧克力制成！砖块是巧克力做的，将它们粘在一起的水泥是巧克力做的，窗户是巧克力做的，所有的墙壁和天花板都是巧克力做的，地毯、画作、家具和床也都是巧克力做的。当他们在浴室打开水龙头时，还会流出热巧克力。"

许多人会将我们印象中的11岁查理·巴克特与金发碧眼的小男孩联系起来，但实际上最初他是被设想为一个黑人角色，但不幸地被改成了白人角色，原因是达尔的经纪人认为黑人孩子不会吸引读者。这与原著中把奥伯伦伯（Oompa Loompas）描绘为非洲俾格米人（译注：生活在非洲和东南亚部分地区的一个古老民族，以身材矮小著称）的批评形成了鲜明对比，这种种族主义指责促使罗尔德·达尔将这些角色改写为嬉皮士小矮人。[26]

索菲·达尔（Sophie Dahl）是罗尔德·达尔的孙女，是一位模特出身的厨师和食谱作家，以下是她的一个食谱，名为"叔叔的巧克力舒芙蕾配白兰地樱桃"：

叔叔的巧克力舒芙蕾配白兰地樱桃食谱

3$\frac{1}{2}$ 盎司（100 克）优质黑巧克力（切碎），4 个蛋清，1/4 杯（50 克）细砂糖，2 个蛋黄。

制作方法：

将烤箱预热至 150℃（300°F）。用一小块黄油涂抹 4 个小烤模的内部。

将巧克力放在耐热的碗中，放在烧开水的锅上。搅拌巧克力，使其均匀融化，保持小火加热。在一个非常干净、干燥的碗中，打发蛋清（用电动搅拌器会更容易）。当蛋清变得有光泽并开始变硬时，逐渐加入糖。把巧克力从火上取下，将蛋黄打入巧克力中。非常轻柔地将巧克力加入蛋清中。如果你希望蛋清保持轻盈，关键是要折叠而不是搅拌或搅打。轻轻地均匀分配在烤模中，用拇指抹平边缘，这将有助于让它们发起来。将烤模放在烤盘上，放入烤箱（在接下来的 20 分钟内不要打开烤箱门）。烤好即可上桌。

白兰地樱桃制作：

1 把去核樱桃，1 汤匙白兰地，1 汤匙糖，1/3 杯（80 毫升）水。

在舒芙蕾烘烤的同时制作白兰地樱桃。在一个小锅中，将樱桃与白兰地、糖和水混合在一起，在小火至中火下煮约 10 分钟，直到樱桃变软、变松，但仍保持基本形状。与舒芙蕾一起上桌享用。[27]

•••

　　乔安娜·哈里斯（Joanne Harris）的小说《浓情巧克力》（Chocolat）以及其极其成功的电影改编，或许是当年最知名的主流作品之一。以甜蜜、异国情调的奇迹为故事的核心，年轻、单身、有魅力的母亲维安（Vianne）和她的女儿突然出现在一个法国小村庄，在刚好是斋戒开始的时候，开了一家巧克力店。这本书主要讲述维安说服当地人的神奇能力，她预测出他们喜欢的口味，并在斋戒期间赢得了他们的心，以及与当地神父弗朗西斯·雷诺德（Francis Reynaud）发生的冲突。这是一本与小村庄的迷信、魔幻色彩、循规蹈矩和逐渐式微的传统相抗拒，并与家庭暴力和刻板偏见紧密相连的书。它提醒我们，巧克力绝不仅仅是愉快的甜蜜享受。

　　维安是一个迷人的女人，她有能力制作出迷人的糖果，这是对巧克力诱人和神奇属性的认可。哈里斯来自约克郡，在祖父母的糖果店附近长大。通过对维安巧克力店铺的描写，读者可以想象出一场令人垂涎的视觉盛宴，而哈里斯显然对这些美食非常熟悉：

　　　　在玻璃钟罩和盘子里摆放着巧克力、太妃糖、维纳斯的乳头（译注：一款外观类似女性乳房的巧克力产品）、松露巧克力、乞丐牌巧克力、蜜饯、榛子串、巧克力贝壳、糖渍玫瑰花瓣、糖粉紫罗兰……而在中间，她搭建了一个华丽的中心装饰。一个姜饼做的房子，糖蜜面包制作的墙壁用巧克力包裹，细部用银色和金色的糖霜装饰，糖霜和巧克力构成的屋顶瓦片点缀着结晶的水果，奇异的糖霜和巧克力藤蔓爬上墙壁，杏仁糖鸟在巧克力树上歌唱。[28]

在 2002 年，哈里斯出版了她的烹饪书《法国厨房》(*The French Kitchen*)，其中包括了一个 "维纳斯的乳头"(Nipples of Venus) 的食谱，这其实是一个意大利食谱，但哈里斯觉得这个食谱是不可或缺的。

"维纳斯的乳头" 食谱

（约可做 70 个）

馅料材料

225 克黑巧克力（可可含量 70%），300 毫升浓奶油。

浸渍材料

100 克黑巧克力（可可含量 70%），50 克白巧克力。

制作方法：

制作馅料时，将巧克力掰成小块，放入耐热碗中。制作一个水浴锅（将碗放在一个煮沸水的锅上），让巧克力融化。在一个小锅中加热奶油，然后将其倒入融化的巧克力中，混合均匀，冷却 2 小时。再用电动搅拌器搅拌，直到混合物变硬并保持形状。

在 3 个烤盘上铺上烘焙纸。将馅料混合物放入一个装有 1 厘米喷嘴的裱花袋中，挤出小堆（或称为乳头）到烘焙纸上。放入冰箱冷却并定型。

在水浴锅中融化黑巧克力。

将每个冷藏的乳头浸入融化的黑巧克力中，放回烘焙纸上，静置 1 小时以使其凝固。在水浴锅中融化白巧克力。

将每个黑巧克力乳头的顶端嵌入白巧克力中，静置以使其凝固。

即可尽情享用。[29]

●●●

　　《巧克力课程》(*lezioni di cioccolato*) 是一部 2007 年的意大利电影，以意大利佩鲁贾市的传奇巧克力景观为背景。这是一部苦乐参半的喜剧，因为它以巧克力为中心，如果它不具有一定的坚韧性，就不会出现在这本作品中。它涉及移民、非法劳工、社会不公和救赎感等问题。电影的重点是在世界著名的芭喜（Baci）（巧克力之吻）工厂举办的巧克力制作课程。根据他们的网站介绍，"Baci Perugia" 是由 8 种简单的成分制成，包括中间放置的榛子，据说榛子的位置各不相同。

　　《血与巧克力》(*Blood and Chocolate*) 是一部多国合作制作的奇幻恐怖电影，部分背景设在罗马尼亚的一家巧克力店。该电影改编自 1997 年的一本书，作家安妮特·柯蒂斯·克劳斯（Annette Curtis Klause）在书中描述了女主人公薇薇安（Vivian）在成为狼人和留在她姑姑经营的巧克力店工作（她的姑姑也是狼人）之间的挣扎。

　　罗马尼亚巧克力奶油蛋糕，或称为"巧克力蛋糕"，是一种典型的罗马尼亚分层蛋糕，这种蛋糕在全国都很受欢迎，其中包含了从梨到核桃等各种食材。在节日和特殊场合它们也是很受欢迎的食物。在罗马尼亚文化中还有很多"假巧克力"食谱，例如巧克力萨拉米香肠，这是一种由碾碎的饼干和各种水果制成的非烘焙点心，制成圆木形状，冷藏后切成片。

巧克力奶油蛋糕食谱

（可以做 8 个）

海绵蛋糕片材料：

3 个鸡蛋（蛋白和蛋黄分开），60 克（2$^1/_2$ 盎司）细砂糖，1 茶匙塔塔粉，

1 个柠檬的汁和柠檬皮碎，75 克（3 盎司）普通面粉。

馅料材料：

150 克（5 盎司）室温下的高脂浓奶油，30 克（$1\frac{1}{4}$ 盎司）糖粉，125 克（4 盎司）融化的黑巧克力。

糖浆材料：

100 毫升（$3\frac{1}{2}$ 液量盎司）水，100 克（$3\frac{1}{2}$ 盎司）细砂糖，50 毫升（2 液量盎司）朗姆酒或白兰地。

巧克力糊材料：

100 克（$3\frac{1}{2}$ 盎司）牛奶巧克力（融化）。

蛋糕材料：

200 毫升（7 液量盎司）打发的高脂浓奶油，可可粉（任意）。

制作方法：

预热烤箱至 180℃（350℉）。在烤盘上铺上烘焙纸，并用铅笔在纸上画出 16 个直径为 8 厘米（3 英寸）的圆圈。

制作海绵蛋糕片：先将蛋白打发成湿润的山峰状，然后加入糖和塔塔粉，打发成硬挺的蛋白霜。加入蛋黄、柠檬汁和柠檬皮碎，筛入面粉，轻轻翻拌至均匀。将等量的混合物放入每个画好的圆圈中，如果可能，最好使之形成一个轻微的圆顶形状。烘烤 15 分钟，或者直到变硬并呈金黄色，然后在金属架上冷却。

制作内馅：先将奶油与糖粉搅打至浓稠，然后轻轻加入融化的巧克力，充分混合。倒入裱花袋中，放入冰箱冷藏并变硬。

制作糖浆：先将水和糖放入锅中，用中火煮沸，加入朗姆酒或白兰地，搅拌均匀，放置冷却。

最后组装蛋糕：先取一半的海绵蛋糕片，依次将顶部浸入巧克力糊中，然后放在一边。将未浸泡的蛋糕片刷上一些朗姆酒糖浆，然后在上面挤上巧克力奶油馅。将带有巧克力糊的蛋糕片放在馅料上面，然后在每个蛋糕上倒入或挤上一些打发的奶油，并撒上可可粉（如果喜欢）。在制作当天即可食用。[30]

●●●

在《罗斯玛丽的婴儿》（Rosemary's Baby）这部小说和电影中，米妮·卡斯万特（Minnie Castevet）为"撒旦之子"（译注：书和电影中有罗斯玛丽在巫术下被迫为邪教徒生下没有瞳仁的婴儿的情节）的"生母"罗斯玛丽·伍德豪斯（Rosemary Woodhouse）制作了一系列的草药饮料，并在伍德豪斯夫妇计划受孕的那天晚上为她制作了巧克力慕斯，以展示她在药学方面的技能。罗斯玛丽抱怨这道巧克力慕斯有白垩味，并拒绝吃完，但不一会儿她便陷入了昏迷。

以下是一份来自 20 世纪 60 年代的巧克力慕斯食谱，正是《罗斯玛丽的婴儿》问世的年代。

法式巧克力慕斯食谱

作者建议：在家制作这款慕斯，成本不到商店里的十分之一，它能让你体验到正宗的慕斯是什么口味。由于这是甜品中最丰富甜腻的一种，故每人只需食用一小杯即可。在户外用餐时，这是一道不错甜品。可用纸杯密封，用木勺盛放。

以下量的成分足够装满一个玻璃盘子或大约 12 个小杯。使用电动搅拌器在 30 分钟内制作完成。食用前冷藏。

材料：8 盎司甜巧克力，1 盎司苦巧克力，5 汤匙砂糖，3 汤匙液体咖啡，6 个鸡蛋（蛋清和蛋黄分开），2 块甜黄油，1/2 杯打发的高脂浓奶油。

制作方法：

把鸡蛋预先放置在室温下 20 分钟（冷鸡蛋不容易打发）。将巧克力、黄油、咖啡和糖放入双层锅的上层，确保热水不要触及上层锅，并用小火融化巧克力。巧克力会在大约 10 分钟内自行融化（偶尔搅拌）。同时，将蛋清和奶油分别在不同的碗中搅拌。检查融化的巧克力是否因为有未融化的糖而有颗粒感，如果有颗粒感，可以再多加热一会儿，然后在离火前搅拌。混合物变得顺滑后，倒入一个大的搅拌碗中，一个一个地加入蛋黄，搅拌均匀，依此类推，直到加入最后一个蛋黄。此时，混合物会变得像缎子一样有光泽。如果需要的话，可将搅拌碗放在冷水中，使之稍微温热。将打发的奶油拌入，然后再拌入蛋清，倒入玻璃盘子或小杯中。食用前冷藏。

慕斯在冷藏下可以保存数天。[31]

•••

当今美国存在着一个非常现实的问题，即如何应对日益增多的非法西班牙油条（Churros）摊贩，特别是在纽约市，女性街头摊贩经常因未取得许可证而被逮捕。2019 年，一张在布鲁克林地铁站中被铐上手铐的女性油条摊贩的照片在社交媒体上迅速传播开来。一周后，另一名售卖油条的女性在附近以类似的方式被逮捕。流动食品摊贩业已成为贩卖许可证的黑市。在纽约每年只发放 2900 张许可证，需求远远超过供应，许多许可证持有人将其出租给其他摊贩，这些摊贩往往是贫困的移民家庭，他们被收取超过原价 100 倍的费用。这些交易往往没有任何书面记录。

最近一项针对在纽约市经营的女性街头摊贩的调查表明，在接受调查的 50 名女性中，有 36 人来自墨西哥或厄瓜多尔，平均年龄为 46 岁。她们还是家庭的主要收入来源，其中 72% 的女性没有许可证。[32]

2019 年受到好评的短片《西班牙油条》（ Churros ）通过一个生活在布鲁克林的年轻墨西哥少年与他单身母亲和妹妹一起摆摊卖油条的故事，探讨了当代这一社会问题。在舞蹈才华、更好生活的诱惑和对家人的忠诚之间，这位少年陷入了两难选择，电影《西班牙油条》为我们提供了对这个危险而绝望的世界的深刻洞察。西班牙的炸油条基本上是由面粉、水、盐和油制成的细长炸面条，类似于甜甜圈，然后蘸上浓热的巧克力食用。墨西哥的炸油条通常裹上一层肉桂，搭配巧克力或牛奶糖一起吃。在乌拉圭，他们还会吃夹有奶酪的油条。关于西班牙油条的起源还存在争议，但很可能是对类似的中国油条的一种改良，由来自葡萄牙的商人复制而来。传统的街头油条摊贩会将面糊挤入热油锅中油炸。

●●●

1737 年的《戏剧审查法案》（ The Licensing Act of 1737 ）是由英国首相沃波尔（ Walpole ）提出的，他对戏剧作品中对自己的嘲讽感到厌倦，因此提出了这项新法案。该法案禁止为了牟利、雇佣或奖励而演出任何剧目，只允许在位于威斯敏斯特市内的剧院上演戏剧，并将演出限制在德鲁里巷和考文特花园剧院。剧院经理们通过在购买一品脱啤酒时提供免费演出，或在中场休息期间或艺术展览期间收费进行其他活动来规避这项法规。所有这一切往往都伴随着现场出售巧克力的诱惑，你可以在欣赏你的"免费"演出时享用巧克力。[33]

在 20 世纪早期的一些年里，因为晚上 8 点后售卖巧克力是违法的，剧院的生意受到了影响，许多剧院因此而被起诉。我将电影院也包括在"剧院"一词中，是因为此时这两者在某种程度上是交织在一起的。20 世纪 20 年代末有声电影的兴起导致了剧院运营方式的根本变革，场地娱乐更多地变成了观看电影。

巧克力零售立法与受到《提前闭店法》(*The Early Closing Act*)管制的店主们蒙受的经济损失有着密切关系。为什么店铺应该在晚上8点后停止销售巧克力，而剧院仍然可以继续销售他们的巧克力制品呢？同样，剧院也批评了议会的决定，1920年5月26日，巧克力销售商在伦敦街头游行，抗议"晚上8点后不得售卖巧克力"的限制。[34]一个月后，约有200名伦敦音乐厅的巧克力销售商来到议会大厦外，乘坐驳船和蒸汽拖船在泰晤士河来回航行，抗议巧克力立法。[35]这项法规在1921年进一步受到挑战，人们要求剧院场所将零售时间延长至晚上9点半。[36]显然，巧克力销售在1919年占剧院零售部门全部营业额的10%，因此，政府在当时受到了如此多的政治压力，要求放宽立法限制，也就不足为奇了。[37]

在1911年人口普查中列出的16名一般巧克力销售商中，有10人年龄在18岁以下，一人19岁，两人60多岁，其他三人年龄分别为37岁、41岁和54岁。在当时，这可能更像是年轻人的游戏，或许因为儿童和年轻人容易被剥削，雇佣成本也很低。在最年轻的巧克力销售商中，有三人被明确认定是在剧院工作，但这并不意味着其他人没有从事这方面的工作，因为许多摊贩从街头叫卖逐渐转移到了蓬勃发展的零售店中。

然而，并非所有年轻的电影院巧克力销售商都值得同情。有两名青少年，其中一个只有12岁，在米洛姆电影院卖巧克力时，被指控偷窃电影胶片并将其卖给了收藏家。[38]

在20世纪早期，那些在剧院和电影院卖巧克力的脆弱年轻人也面临着风险。正如一个在乌克斯桥(Uxbridge)被雇佣的14岁女孩所表明的那样，她指控电影放映员吉尔伯特·赖特（Gilbert Wright）性侵自己。因为她错过了最后一班火车，她最终只好跟赖特回家。女孩告诉他她害怕这么晚回家，也许是担心她的父母会责骂她。女孩指控赖特在卧室里性侵了她。她一大早就离开了赖特家，并同意在下周六再次与他见面。她去伊灵找一个朋友帮她安排住处，在未能找到睡觉的地方后，她一整夜都在伦敦的街头游荡，后来被警察发现。她告诉警察，她不喜欢与继父一起生活，并计划自杀。吉尔伯特·赖特否认自己知道这个女孩只有14 岁，并告诉法庭，他已经尽了一切努力劝她回家和家人好好谈谈。他表现出了良好的品格，因此有证人站出来为他作证，这导致了他被轻判，只获刑 2 个月。[39]

这类事件显然也并非是孤立的。16 岁的弗朗西斯·登弗斯·莫赫尔（Francis Denvers Mohur）被指控 1916 年在伦敦犯有入室盗窃罪，并"与一个 14 岁的女巧克力小贩来往"。[40] 也许最令人不安的故事之一是贝蒂·白金汉（Betty Buckingham）的故事，1938 年她 16 岁，在切尔姆斯福德的里金特电影院卖巧克力。一天，贝蒂收到一封信，上面简单地写着"给巧克力女孩"。写信人从远处表达了他的爱慕之情，并邀请她在一个不会受到伤害的地方与他会面，在那里她可以观看他用驯马鞭鞭打自己。他要求她把头发剪短，还在信中附上了一张 10 先令的钞票，这相当于当时一个巧克力小贩一个星期的工资。

贝蒂被信件内容吓坏了，她把信交给了警察，警察安排她与那个男子会面，还派了几名伪装成流浪汉的侦探在附近。果然，贝蒂的"爱慕者"在黑暗中出现了，手里拿着一根鞭子，并亮明了自己的身份。按照指示，贝蒂大声咳嗽，向警察发出信号，警察跳出来逮捕了那个陌生人，后来在警察局对他进行了审问。[41]

●●●●

关于电影这部分的最后要补充的一点是，有一件事今天仍然威胁着许多观众的理智，无论是在现场表演还是电影中——那就是可怕的大声说话者、使用手机者或把零食包装纸弄得沙沙作响者。在 20 世纪初，这似乎也是一个类似的问题，约克郡的朗特里公司于 1929 年推出了一款专门为剧院观众设计的巧克力礼盒，礼盒内没有包装纸，巧克力被包裹在不会出声的软纸巾里。这些礼盒在全国范围内的剧院以 2 先令的价格出售。[42] 这可能相当于今天的 5 英镑左右。

如果您在支付了演出费用并前往剧场后并没有这种额外的预算，或许还有一种选择，就是自己带些零食。如果是这样，这些马卡龙（Macaroons）（译注：一种彩色小圆饼，是法式甜点）可能是个理想的选择，它们的制作食谱发布在朗特里公司的《特选（可可粉）食谱》[*"Elect" (Cocoa powder) Recipes*] 中。

可可粉马卡龙食谱

（可制作 18 个）

2 个蛋清（打发至变硬），1 杯糖，1 杯燕麦片，1/4 茶匙香草精，1 汤匙 "特选" 可可粉，一小撮盐。

制作方法：

将糖、盐和可可粉混合，加入已经打发好的蛋清，再加入燕麦片和香草精。用茶匙舀取面糊，放在抹了黄油的烤盘上，用慢速烤箱烘烤约半小时。

如果将这些甜点存放在罐子里，它们会保存得很好。[43]

音乐与艺术中的巧克力

巧克力现在可以被巧妙地加工和塑造成各种形状，从巧克力头骨到巧克力阳具。美国概念艺术家斯蒂芬·J.沙纳布鲁克（Stephen J. Shanabrook）的作品《巧克力之死》（*Death by Chocolate*）描绘了一具被肢解的人体，并画上了内脏，该作品于 2011 年在旧与新艺术博物馆（The Museum of Old and New Art）展出。沙纳布鲁克年轻时曾在一家巧克力工厂工作，他以用一种略带病态的方式处理巧克力这种特定媒介而闻名。他走遍全球，用巧克力铸造致命伤口的模型，包括枪伤和凸出的眼球。这些模型都用闪亮的纸张包着，放在一个名为"巧克力盒停尸房"的礼盒里。

英国艺术家汤姆·马丁（Tom Martin）绘制了食物的超现实主义图像，特别是巧克力。马丁的绘画如此逼真，几乎像照片一样。他的同比例裸体女人与嵌有"Aero"和"Crunchie"商标的巧克力包装并列在一起，题为《沉思》（*Contemplation*），反映了现代社会由于太过在意个人形象而对女性施加的压力。而他那令人难以抗拒的巧克力甜甜圈，糖衣的表面闪闪发光，给观众带来了很大的诱惑。与路易斯·马林·博内特（Louis Marin Bonnet）的 18 世纪绘画作品《求婚》（*The Proposal*）相比，它展示了巧克力与爱情、性和诱惑之间的联系几乎没有改变多少。在这幅画中，一名男子跪在一间漂亮的房间里向一名女子热烈求婚，主要焦点是那张桌子及其上面的银色巧克力壶。

与此相对立的肯定是备受争议的行为艺术家卡伦·芬利（Karen Finley）的现场表演，她在 1989 年于圣地亚哥的苏西画廊（Sush Gallery）向观众呈现了一场名为《我们随时保证我们的受害者是准备好的》(*We Keep Our Victims Ready*) 的表演，她全身涂满了巧克力和糖霜（仅穿着内裤和戴着头巾），嘲笑女性与所有甜食有关的陈旧联想，并尖叫道："用巧克力涂抹全身，直到你成为人类粪便——吃 Suzy Q 的巧克力樱桃。"芬利的作品涉及了厌女症这一社会问题，巧克力则代表了对女性的言语和身体虐待。"Suzy Q"是一个美国品牌的巧克力点心蛋糕，内含白色奶油夹心。

以下是Suzy Q蛋糕食谱，来自cookpad.com，由瑞文·迪凯特（Raven Decatur）提供。

Suzy Q 蛋糕（奶油夹心）食谱

$1^1/_3$ 杯普通面粉，1 杯砂糖，2/3 杯无糖可可粉，1 茶匙小苏打粉，1/2 茶匙盐，1 杯牛奶或脱脂奶，2 个鸡蛋，1 根软化的黄油。

夹心馅料材料：

1 根软化的黄油，$1^1/_4$ 杯糖粉，$1^1/_4$ 杯棉花糖酱，1 茶匙香草精。

制作方法：

在一个大的搅拌碗中，将面粉、糖、小苏打粉、可可粉和盐混合在一起，充分混合。

接下来加入鸡蛋、牛奶和黄油，适量的香草精（可选）。在低速下搅拌，直至充分结合，然后将搅拌器调至高速，搅拌至蓬松，大约 2 分钟。

预热烤箱至约 175℃（350°F）。在一个 9 英寸 ×13 英寸的烤盘中，喷上不粘喷雾，加入蛋糕混合物并均匀抹平。

烘烤 20 ~ 25 分钟，或直到插入中间的牙签拔出时干净。

放在铁架上冷却。

蛋糕冷却时，将夹心馅料成分混合，搅打至轻盈蓬松，再高速搅拌至顺滑。

当蛋糕完全冷却后，可以用饼干切割器将其切成圆形并分开，或者切成长方形，用于单独分食。将蛋糕切成两半，涂抹夹心馅料在两层之间，然后盖上另一半。

也可以将蛋糕切成两半，将每半切成两层，在两层之间填充夹心馅料。还可以将夹心馅料直接用作蛋糕的糖霜。[44]

●●●

在历史上，音乐与巧克力形成了一种强大而令人回味的结合，从种植园的劳动歌谣到更现代的联想。可可潘尼奥尔人（Cocoa Panyols）是一个非常独特的族群，他们代表了委内瑞拉人和特立尼达人之间的混合体，其种族起源包括非洲、西班牙和美洲原住民祖先在内的混合种族。这是一个逐渐衰落的文化，经过几个世纪的混合婚姻，已经与特立尼达或法兰西克里奥尔融合在一起。

潘尼奥尔人曾经是自成一体的社会，这是由特立尼达现有的西班牙社区的存在造成的，他们在14世纪西班牙殖民统治期间定居在特立尼达，与此同时，16世纪西班牙人带来的非洲奴隶也被运到特立尼达，随后又有大量委内瑞拉农民和农业工人在19世纪进入特立尼达，来寻找发展中的可可产业相关的工作，也加入了这些社区。

所有这些族群的人民互相融合，并友好地生活在一起，他们在岛屿北部的可可种植园里共同生活和工作。

科拉山谷（the Caura Valley）曾经被认为是潘尼奥尔族群的主要聚居地，直到英国政府在20世纪40年代为了建造一座水坝将所有居民迁离。尽管许多人也一同搬到了相邻的山谷，但这一举动在很大程度上导致了潘尼奥尔族群的分裂。

他们文化的一些方面仍然得以保留，包括帕朗（Parang），一种以曼陀林或小提琴演奏的民间音乐，伴有像沙槌这样的打击乐器。这是一种与圣诞节或唤醒人们起床相关的音乐形式，音乐家们会挨家挨户走访演奏。[45]

《加兰德世界音乐百科全书》（*The Garland Encyclopedia of World Music*）指出，萨拉邦德舞（Zarabanda）是危地马拉和墨西哥起源的一种流行舞蹈，可能是由西班牙殖民时期的可可种植园里奴隶的舞蹈演变而来的。罗伯特·史蒂文森（Robert Stevenson）进一步阐述了这一理论，他认为早期的墨西哥人在庙宇里向神祇致敬时跳萨拉邦德舞（或称Sarabande 舞）。[46]这是一种具有挑逗性和充满性意味的舞蹈，它很可能是在食用可可而陷于兴奋后表演的。

当然，可可丽娜舞（Cocoa-Rina-Dance）是今天一些种植园仍在跳的舞蹈之一，甚至在加勒比海圣卢西亚岛上作为旅游项目进行表演。工人们赤脚在可可豆上跳舞，以便将可可豆抛光。这是在可可豆装袋之前的最后一道工序。在这个舞蹈中还经常会伴有歌唱。如果你想听的话，美国国会图书馆档案中有一首可可舞曲，录制于1942 年的特立尼达。

迈克尔·汉弗莱（Michael Humphrey）在他的回忆录《海胆肖像：加勒比海的童年》（*Portrait of a Sea Urchin: A Caribbean Childhood*）中讲述了20 世纪40 年代自己在加勒比地区长大的情形，谈到了一些用于伴舞的民谣的粗俗性质，它们包含了所有成人主题，其中包括对不忠男人的谴责。

凯琳达舞（Kalinda，Calinda）是特立尼达和多巴哥在18 世纪演变出来的另一种舞蹈 / 棍棒打斗，由被卖为奴隶的非洲人创造。约翰尼·库曼辛（Johnny Coomansingh）在他的回忆录《可可女人》（*Cocoa Woman*）中谈到了在他教母的可可种植园中定期举行的星期六棍棒打斗比赛。这些比赛会在一种叫作 "gayelle" 的舞台上举行。伤口流出的血液会被收集在一个"血洞"中。这是一个充满仪式感的过程，非洲鼓声和歌声在整个种植园回荡。他还回忆起他的教母制作的克里奥尔巧克力茶，搭配上一块平淡无奇的叫作"sada roti"的扁面包一起食用。[47]

在特立尼达和多巴哥，可可生产曾经由英国人、法国人和西班牙人掌控，所以种植的可可品种已经成为不同变种的杂交品种，赋予了它独特的风味。因此，该地区的巧克力茶（巧克力被称为"众神之茶"）与我们对欧洲热巧克力的传统期望几乎没有相似之处。克里奥尔巧克力茶是一种混合了各种香料的巧克力饮料，味道浓烈而厚重。这种饮料是由磨碎的可可豆团或可可棒制成的巧克力球，与肉桂和肉豆蔻一起煮沸，最后加入甜牛奶或蜂蜜制作而成。

巧克力球，传统上用于牙买加巧克力茶（©Emma Kay）

以下是关于可可生产的描述，摘自一个名叫 B.A. 的观察员 1844 年发表于《殖民杂志和商业海事杂志》（*Colonial Magazine and Commercial Maritime Journal*）的文章，描述了他们参观特立尼达的 Reconocimiento 种植园的经历，该种植园是加勒比地区最大的种植园之一：

　　可可上市前的准备方法如下：用手将可可豆荚从树上采摘下来，或使用钩子伸到树枝太高而无法手摘的地方采摘，将其堆放在地上，让其在三四天内变软，或者像种植者所称的让其"出汗"。然后，用可可刀纵切打开豆荚，用手指取出籽和果肉，堆成另一个堆，让其在接下来的两三周里再次进行"出汗"。在此期间，发酵作用会使籽从果肉中分离出来，然后将其从果肉中取出，放入篮子中，送入干燥房。每天将这些坚果在阳光下的干燥房前的一个大水泥平台上摊开，有时只需小心地清扫一下，白天时频繁地翻动，晚上把它们再次收入干燥房内。干燥房配备有大托盘，用于在干燥过程中放置可可。这些托盘可以从建筑物侧面的窗户中伸出，以便天气变化时及时采取抢收措施。干燥过程将持续约 3 周，可根据天气的有利或不利状态而定。当坚果变得足够干燥时，就可以包装出售和装运了。准备好用奥兹纳伯格（Oznaburgs）麻布制成的粗袋，每个袋子要足够大，可以装下一份"法内加"（fanega）（译注：一种容量单位）的重量。袋子装满后，运往特里尼达港市场，根据道路情况由骡子驮或马车搬运，在那里通常会被立即售出并运往欧洲，因为可可豆是一种久存会变质的物品。

●●●

早在 17 世纪，西班牙人就在委内瑞拉奴役非洲人。查瓦奥村

（Chuao）被认为是该地区最古老、最著名的可可种植园之一，如今，它继续生产出世界上一些最昂贵、最优质的可可豆。该地区仍然有非洲奴隶后裔在居住，因位置偏远，只能乘船进入。该种植园在 17 世纪中叶落入罗马天主教教会的手中，直到 19 世纪初，才成为委内瑞拉中部大学的财产，最终归于国家的管辖之下。

可可种植园的奴隶在等待他们的周日口粮［摘自亨利·尼文森（Henry Nevinson）的
《现代奴隶制》，哈珀兄弟公司 1906 年于伦敦和纽约出版］

由于其偏远的位置和过去的宗教影响，这个村庄当地传统与文化是非洲和西班牙天主教传统和文化的融合。其中最著名的是现在已被联合国教科文组织认可，围绕着基督圣体节庆祝活动并在五月底或六月初举行的"舞蹈恶魔"（Los Diablos Danzantes）仪式（译注：该仪式流行于委内瑞拉中北部，以庆祝基督圣体节，是委内瑞拉至今仍流行的古老而重要的传统节日，2012 年被联合国教科文组织列入世界非物质文化遗产名录）。这些庆祝活动源于非洲奴隶到达这里种植可可的历史，并与 golpes de tambor 的非洲鼓点节奏密切相关，这是一种鼓、舞蹈和诗歌的结合。尽管仪式是由查瓦奥的女人组织的，但只有男人被允许敲鼓，而女人则唱歌，两人一起跳舞。这些性感的舞蹈融合了非洲和西班牙的舞蹈技巧，既有跺脚的动作又有裙摆的飘逸。在整夜的仪式过程中，人们会食用热巧克力和朗姆酒，以维持体力。[48]

以下是我从委内瑞拉一个在线旅游网站上找到的巧克力玛克萨（Marquesa de Chocolate）的古老传统食谱。这不是一个在书中可以轻易找到的食谱，通常需要翻译。最初的版本是委内瑞拉一种无需烘烤的分层蛋糕，需要使用专门的玛丽亚（Maria）饼干，这种饼干在一些欧洲和拉丁美洲国家很受欢迎，与英国的糯米茶饼干有非常相似的口感。

巧克力玛克萨食谱

750 克玛丽亚饼干或糯米茶饼干，1 升牛奶（用于制作布丁和浸泡饼干），巧克力碎屑。

巧克力布丁材料：

1 升牛奶，4 个蛋黄（打散），300 克黑巧克力，2 汤匙黄油，125 克糖，

1茶匙香草精，2茶匙玉米淀粉（溶解在2汤匙牛奶中）。

制作方法：

在一个厚底锅中放入牛奶、糖和香草精，加热时加入打好的蛋黄，不断搅拌。用双层锅将巧克力与黄油融化后将其倒入牛奶混合物中，继续搅拌。将玉米淀粉溶解在少量牛奶中，加入之前的混合物中，继续搅拌直到变稠，关小火，保留备用。

制作巧克力玛克萨：将一包玛丽亚饼干浸泡在牛奶中。在一个长方形大玻璃盘子中放一层巧克力布丁，然后再放一层浸泡过的饼干。继续分层，最后以巧克力布丁收尾。将其放入冰箱过夜。

可以用巧克力碎屑或巧克力片进行装饰，也有些人用切片和烤制过的杏仁或饼干装饰，还有人将饼干浸泡在酒中。[49]

．．．

早期的可可种植园，如委内瑞拉的查瓦奥种植园，最初是为了生产药用巧克力的。直到19世纪，巧克力才开始被商业上认可为一种食用产品，这也是其需求开始飙升的时候。

巧克力最初是在欧洲各地的药店和药房出售，当然在现今已成为传奇文化的美国药店中也有销售。

随着英国的药材店演变为提供现代药物的药房，美国在内战时期前后也发生了同样的变化。但英国缺少的一个新东西是苏打水机。在美国，任何一家有自尊心的药店都不会没有苏打水冷饮机，这一趋势一直持续到20世纪后期。毫无疑问，在禁酒时期，这种药店特别适合当地人群。

苏打水迅速扩展到麦芽饮料、冰激凌和奶昔，并演变成了各自的店铺，被称为麦芽店。在20世纪50年代的美国，麦芽店在青少年和年轻人中非常受欢迎，这一时期多丽丝·戴（Doris Day）1947年的歌曲《星期六夜晚的巧克力圣代》（A Chocolate Sundae on a Saturday Night）中被永久地记录下来：

> 星期六夜晚的巧克力圣代，
>
> 多好的方式结束一天。
>
> 明月皎洁，舞蹈精彩，
>
> 我们去位于枫树街和藤蔓街口的药店吧。

试试这个巧克力圣代布丁的食谱，你会感觉自己仿佛回到了20世纪50年代的美国。

巧克力圣代布丁食谱

1杯面粉，1/2茶匙盐，2/3杯糖，2汤匙融化的黄油，1/2杯切碎的坚果，2茶匙泡打粉，2汤匙磨碎的巧克力，1/2杯牛奶，1茶匙香草精。

配料：

1/4杯白糖，3汤匙磨碎的巧克力，1茶匙香草精，1/2杯红糖，1/4茶匙盐，1杯开水。

制作方法：

将面粉、泡打粉、盐、糖和巧克力过筛，加入牛奶、融化的黄油、香草精，最后加入坚果。将混合物铺在烤盘中，然后开始制作配料。

将糖、巧克力和盐充分混合，均匀地铺在烤盘中的混合物上。

将香草精放入沸水中，倒在混合物上。不要搅拌。

以180℃（350°F）的温度烘烤35～45分钟。

也许是由于苏打水冷饮机的历史性普及，美国一直有着比欧洲更丰富的碳酸饮料种类，这都属于我们所说的苏打水的大范畴，其中就包括用巧克力糖浆调制而成的巧克力苏打水。《1894年美国药剂师和药物记录》(The American Druggist and Pharmaceutical Record of 1894)报告称，当时最受欢迎的苏打水是巧克力口味的。[50]这或许是因为苏打水冷饮的巧克力糖浆总是在药店内制作，从而确保了它与所有其他主要品牌相比保持了竞争力。

添加高质量的巧克力被认为对巧克力苏打水的真正成功至关重要。[51] 2010年的一项大学研究在弗吉尼亚州罗诺克市范围方圆22英里内抽取了90种来自苏打水冷饮的饮料样本，近一半的样品测试肠道污染物呈阳性，一些样品还含有大肠杆菌和耐抗生素的微生物。事实上，许多样品饮料都没有达到美国环保署设定的饮用水标准。这些研究结果发表在《食品微生物学杂志》(Journal of Food Microbiology)上。[52]

如果这还不够令人不安的话，这项研究的地点更是美国历史上让人不寒而栗的历史的一部分，这涉及一个由沃尔特·罗利(Walter Raleigh)爵士于1587年在弗吉尼亚建立的一个被废弃的家庭殖民地，目的是试图在该地区建立一个定居点。尽管得到了英国的财政支持，罗诺克的男人、女人和儿童还是被遗弃了。由于英西战争的影响，供应物资被推迟了数年，而当援助终于到达时，定居点已经空无一人。除了加固的营地，唯一剩下的证据是刻在一棵树上的一行字——CROATOAN。[53]

巧克力苏打水食谱

（1人份）

3汤匙巧克力糖浆，2勺巧克力冰激凌，1勺香草冰激凌，1杯苏打水或碳酸水。

制作方法：

将糖浆倒入12盎司的玻璃杯中，加入冰激凌，再交替加入巧克力和香草冰激凌，然后加入苏打水并搅拌至起泡。立即饮用。[54]

•••

1968年披头士乐队（*The Beatles*）的歌曲《萨瓦松露》（*Savoy Truffle*）有一段欢快的蓝调/摇滚即兴片段，是献给该乐队的朋友、音乐家埃里克·克莱普顿（Eric Clapton）和他对巧克力的热爱。这首歌由乔治·哈里森（George Harrison）创作，列出了克莱普顿最喜欢的巧克力口味，同时还警告他要注意保护牙齿。歌中列出的巧克力品种来自当时流行的一种名叫"麦金托什的好消息"的巧克力礼盒（Mackintosh's Good News Chocolates）。麦金托什公司成立于19世纪末，由约翰·麦金托什（John Mackintosh）和他的妻子创办，以生产太妃糖而闻名。该公司在1960年代与朗特里公司合并，成为朗特里·麦金托什（Rowntree Mackintosh）公司，后来又被雀巢公司收购。据说歌名中的"萨瓦松露"是礼盒中11种口味中最受珍视的一种。

橘子味乳酪和蒙特利马牛轧糖，

混入菠萝汁的姜味斯林酒，

配上咖啡甜点，

是的，听起来非常不错，

但在品尝了萨瓦松露后，

你必须把它们全部拿走。

1895 年，法国阿尔卑斯山脉的萨瓦地区（以著名的萨瓦家族命名）的一家法式糕点店据称发明了松露。因此，也许萨瓦松露只是一种传统的球状深色巧克力甘纳许酱混合物，还是它与伦敦的萨瓦酒店有联系？还有一种蘑菇松露，它生长在萨瓦地区，以其类似大蒜的味道而闻名，可以长到 2 磅重。[55] 又或者它是否与无脂海绵蛋糕——萨瓦蛋糕有亲缘关系？这款蛋糕也来自萨瓦地区，在 18 世纪很流行。这其中的可能性是无限的。

蒙特利马牛轧糖是一个非常古老的法国产品，以其诞生地的小镇名命名，尽管牛轧糖本身无疑起源于中东。发明该糖的糖果师和经理妻子团队的阿诺·苏贝兰（Arnaud-Soubeyran）合作，使蒙特利马牛轧糖获得了商业成功。他们的生活和遗产在蒙特利马博物馆和该镇最古老的工厂中得以延续，至今您仍可以在那里购买到各种类型的牛轧糖。Arnaud-Soubeyran 的网站提供了一份古老的牛轧糖食谱，这恰好是我在本书中罗列的为数不多的非巧克力食谱之一。要将它变成披头士乐队歌曲中的"麦金托什的好消息"礼盒巧克力，只需在成品上蘸上您最喜欢的融化的巧克力即可。

蒙特利马的阿诺·苏贝兰牛轧糖食谱

575 克整颗杏仁（带皮或去皮），230 克冰糖，230 克薰衣草蜂蜜，1 片无发酵面包。

制作方法：

在平底锅里融化蜂蜜和糖，将温度提升到 160℃（320 ℉）。拌入杏仁。将热面团铺在一片无发酵面包上，让其冷却。

小心保存，避免受潮。[56]

另一家历史悠久的以色列糖果制造商——精英巧克力（Elite Chocolate），已在第 3 章中详细介绍。以色列作家、诗人和词作家耶荷纳坦·盖芬（Yehonatan Geffen）的歌曲《巧克力的香气》（*The Smell of Chocolate*）中记载了这家巧克力制造商：

在拉玛甘的边缘有一个特别的地方，
你站在那里可以闻到空气中的巧克力香气，
那里有一座高高的大房子，
三个烟囱，没有窗户，
里面有三十台机器，日夜不停地运转，
七十名穿着围裙、戴着手套的工人，
制作各种各样的巧克力。

合唱：
小巧克力，大巧克力（sho-ko-ko-），
昂贵的巧克力，便宜的巧克力，
带坚果的巧克力，原味的巧克力，
为富人，也为我们所有人，
而且香气是免费的。
所以所有市民，
都停下来嗅一嗅空气（嗯……）。[57]

盖芬因其直言不讳的极端左翼理念以及揭露具有争议的军队和政府暴行而受到批评，并成为政治恐吓的目标。

以下巧克力芝士蛋糕食谱摘自精英巧克力的网站：

巧克力芝士蛋糕食谱

蛋糕底材料：

150克可可饼干，75克黄油。

内馅材料：

320克（4×80克）精英苦味巧克力，1包（200毫升）奶油，400克淡奶油芝士，1杯炼乳，1杯糖，3个鸡蛋，1包香草精。

蛋糕顶材料：

100克精英苦味巧克力，1包奶油，1茶匙黄油。

制作方法：

准备蛋糕底：将饼干压碎至粉末状，融化黄油并倒入饼干中，搅拌至光滑。用双手将面团铺在蛋糕模具或托盘中，然后将模具放入冰箱。

准备内馅：将精英苦味巧克力和奶油放入锅中，加热并不断搅拌，直至融化。搅拌均匀后，取下火，待其冷却。

在另一个碗中，将淡奶油芝士、炼乳、糖和香草精混合在一起，逐个加入鸡蛋，每个鸡蛋加入后搅拌20～30秒。最后将融化的巧克力倒入混合物中，并充分搅拌。

将蛋糕底从冰箱中取出，倒上内馅，放入预热好的烤箱180℃（356℉）中，烘烤50～55分钟。烤箱关掉时，蛋糕可能还会感觉很软，但随着冷却会变得硬实。

制作蛋糕顶：将巧克力、奶油和黄油放入一个小锅中，煮至巧克力融化。取下火，偶尔搅拌直至冷却。冷却后，将混合物（甘纳什）倒在蛋糕上，然后将蛋糕放入冰箱至少4小时。

您可以放上不同的坚果来装饰蛋糕。[58]

•••

当我最初开始酝酿这本书时，我从未想到它会带我踏上一段探索众多与巧克力相关问题的丰富多彩的旅程——凶手、海盗、冒险家和灾祸，而我也当然永远不会像现在这样将巧克力与艺术联系在一起。

即使在写完这本书之后，社会对可可豆的极度依赖仍然令我惊讶。我们是如何变得如此依赖和肆意使用它的呢？想象一下，如果我们没有篡夺玛雅人和阿兹特克人的古老传说，这个世界会变成什么样子！他们崇高的迷信是否诅咒了 17 世纪欧洲社会的蓬勃发展，带给我们一个依赖终身的产品，这种产品导致了整个社区族群的瓦解，并具有摧毁、诱惑和使人堕落的能力。

然而，反过来说，巧克力无疑有着滋养、提振和恢复精神的力量，它的功能如此广泛，既可以在沸水中融化，也可以成为糖果的制作材料，或者烘烤成轻盈蓬松的东西，还可以磨碎做成美味的砂锅料理。

在本书中，我精心收集和罗列了不少食谱，希望能够反映出巧克力的多样面貌。其中许多食谱都非常古老，有时可能需要适当调整或作额外的研究。毕竟，那是一个历史记述，需要相应的历史背景。有趣的是，我观察到了随着时间推移巧克力食谱在几个世纪以来是如何演变的：从简单的饮料和药用品，到逐渐认识到它可能适于基本的烘焙，再到今天随处可见的充满艺术性的精致的巧克力应用门类，就如商店橱窗展示和真人秀电视节目呈现的那样。

近年来最好的例子莫过于品牌"Choccywoccydoodah"，这是一家起源于英国布莱顿的专业巧克力制造商，以其独特而精致的巧克力制作而闻名。成立于 1994 年的该公司为不少名人提供了一系列杰作，并在一部长期播出的电视连续剧中亮相。由于商业环境具有挑战性，该公司于 2019

英国德文郡卡金顿巧克力（©Emma Kay）

年进入了破产程序。这是否与近年来商业街和在线专业"手艺人"巧克力制造商的激增，或可可的价值变化有关，目前尚不清楚。然而，只要快速地在线搜索一下，就会知道巧克力市场已经相当饱和。

当然，也有一些巧克力制造商脱颖而出，比如历史上那些经受住时间考验的众多卓越的巧克力制造商，以及像保罗·A.杨（Paul A.Young）这样的新一代实验性巧克力制造商，虽然他也不能算是新手了，但似乎至今仍然鹤立鸡群，这也许是因为他崇尚自然的态度，他对每一块巧克力的理解和欣赏，抑或是因为他对巧克力制作的实验天赋。

我在写这本书大约一年前参访了英国德文郡的卡金顿（Cockington）巧克力公司，并首次接触了红宝石（Ruby）巧克力，很遗憾的是，我实际上对此并没有太多经验。红宝石巧克力是从巴西可可豆的一种特定品种演化而来，无论它真的是一种新型巧克力品种，还是只是另一种营销骗局，这种巧克力都似乎变得越来越受欢迎。

目前有一种新潮流是制作新奇的巧克力，包括热巧克力炸弹，这是由可可粉和棉花糖填充的中空巧克力球，只需将这个球体放入一杯热牛奶中，你就可以观察到它的融化过程，并露出内部的棉花糖巧克力。当棉花糖浮上来后，可可粉和原巧克力球的外壳会与牛奶混合，成为一杯美味的热巧克力。

但巧克力的未来会怎么样？它还有新的发展方向吗？随着资源需求的不断增加和全球范围内维持道德规范的压力，在这个大多数时候并不道德的行业中，它将如何生存？目前新兴的趋势包括将咸味食品与巧克力的甜味相结合，或是确保巧克力更多地以植物为基础原料，不含添加剂，以及如本书开头提到的，人们开始试图寻找替代巧克力生产的方法，包括基因改造。

在撰写本书时，许多巧克力制造商不得不在疫情大流行（译注：指2019 年底开始的新冠肺炎全球大流行）期间转向在线零售，据报道，英国国内的自我安慰性食品的需求正在上升。这对巧克力来说也许意味着繁荣时期到来？

有一点是肯定的，如今的社会已经变得依赖于巧克力，而且人们总会找到方法来满足需求。巧克力仍然是需要高耐力、高能量的各种活动的支柱。巧克力依然既是一种药物，也是一种食物，它仍然有可能掩盖其他更有效的药物。我愿意打赌，它在军队中仍然会受到重视。

当你下次拿起那一小块安慰性食品，那份甜蜜的圣诞礼物，那个诱人的蛋糕或饼干时，请试着记住巧克力的传承，它的起源，以及它的精神和生态足迹有多远。想想那些为巧克力生产而付出汗水和备受痛苦的人，最重要的是，记住它的潜能所在。

在经历了毁灭、凶杀、种族灭绝、灾难和绝望之后，我想以一种积极的态度结束这本书。尽管我仍然对公平贸易在有限的经济模式和原则与实践之间的真实定义有些怀疑，但它至少是一个积极致力于改善发展中国家所有农民（包括那些在甘蔗和可可种植园工作的农民）工作条件和提高工资的运动。

公平贸易基金会（The Fairtrade Foundation）的网站向公众提供了大量的食谱，以帮助消费者采用更加合乎道德的烹饪方式。下面这份营养丰富的"公平贸易"巧克力慕斯很容易制作，采用了符合道德准则的原材料，包括了不常用的巧克力和柠檬的搭配。这个食谱最初是在安娜·琼斯（AnnaJones）的《现代厨师年鉴》（The Modern Cook's Year）中发表的。

安娜·琼斯的"公平贸易"海盐巧克力柠檬慕斯食谱

慕斯材料：

200克"公平贸易"黑巧克力（可可含量至少70%），适量片状海盐，2汤匙流动的蜂蜜（Hilltop Honey是一款出色的"公平贸易"蜂蜜），1颗香草荚的籽（Ndali Vanilla是优质的"公平贸易"香草荚），2颗未打蜡柠檬的柠檬皮碎。

快速脆片材料：

60克芝麻（多取一些用于装饰），2汤匙枫糖浆。

制作方法：

这是一种非常独特的巧克力慕斯制作方法，是从我一位大厨朋友那里学到的，是法国化学家赫尔夫斯（Hervés）发明的一种技术。别担心，尽管您必须严格按照食谱操作，但实际上非常简单。它使用的是水，而不是奶油，慕斯是在一碗冰块上搅打的，这会使巧克力冰冷。结果是一个更清爽、不那么黏腻的纯正巧克力慕斯，再搭配上一些柠檬、盐和香草。柠檬一般很少与巧克力搭配，但我认为这种组合非常好。如果您愿意，还可以加入橙子甚至青柠檬。

将一个大搅拌碗（或锅）装半满水，再将另一个搅拌碗放在里面。

将巧克力、盐、蜂蜜、香草和柠檬皮碎放入平底锅中，加入175毫升冷水，放在小火上搅拌，直到所有成分融合在一起而巧克力刚刚融化。

使用抹刀将混合物刮入搅拌碗中，放在冰水浴上，用手动搅拌打蛋器（电动打蛋器动力太强力了）搅拌。持续搅拌，直到看起来有光泽但尚未凝固（就像浓稠的巧克力酱），此时提起时，搅拌器会在慕斯上留下巧克力的小细条。需搅拌大约3分钟，但要密切观察，因为慕斯会很快变稠，冷却后会在冰箱里凝固。尝一下，看看味道是否满意。如果慕斯的口感有点颗粒状，可能是因为搅拌过度了。不要惊慌，只需将混合物刮回原来的锅中，再次融化并重新开始搅拌即可。

准备好后，用勺子将慕斯舀入小杯子中，放入冰箱，冷藏至少3小时，即可食用。

制作脆片：准备一个铺有防油纸的盘子，用中火将芝麻炒至焦黄色，然后加入枫糖浆，离火。将芝麻和糖浆混合物铲到防油纸上，待其完全冷却。

在慕斯上撒上芝麻和脆片，即可享用。[59]

参考书目

Afoakwa, E.O., *Chocolate Science and Technology*, (Wiley–Blackwell, Chichester, 2011).

Aleman–Fernandez, C.E., *Corpus Christi and Saint John The Baptist: A History of Art in an African-Venezuelan Community.* (ProQuest, United States, 1990).

Allen, E.W., *The New Monthly Magazine Volume 124*, (1862).

American Home Economics Association, *Journal of Home Economics, Volume 44, Issue 7,* 1952

Arbuthnot, J, An *Essay Concerning the Nature of Ailments*, (London, 1731)

Arnot, R, *Memoirs of the Comtesse du Barry*, (Dustan Society, 1903)

Aslet, C *The Story of Greenwich*, (Harvard University Press, 1999)

Bainton, R, *The Mammoth Book of Superstition: From Rabbits' Feet to Friday the 13th,* (Hatchette UK, London, 2016).

Ball, J, *Angola's Colossal Lie: Forced Labor on a Sugar Plantation, 1913-1977.* (Brill, Boston, 2015)

Barnard, C.I., *Paris War Days: Diary of an American,* (Library of Alexandria, 1914).

Bashor, W, *Marie Antoinette's Darkest Days: Prisoner No.280 in the Conciergerie,* (Rowman and Littlefield, New York and London, 2016)

Beals, R.L., *Cherán: a Sierra Tarascan village*, (U.S. Government, Washington, 1946) 167

Bellin, M, *Modern Kosher Meals*, (Bloch Publishing Company, 1934)

Berdan, F, Anawalt, F, *Codex Mendoza: Four Volume set*, (University of California Press,

1992).

Binda,V, *The Dynamics of Big Business: Structure, Strategy and Impact in Italy and Spain.* (Routledge, 2013)

Blyton, E, *Five Get Into Trouble,* (Hatchette UK, 2014).

Briggs, R *The English Art of Cookery,* (G.G.J. and J. Robinson, London 1788)

British Newspaper Archive *Aberdeen Herald and General Advertiser* (Saturday 11 July 1857).

British Newspaper Archive *Belfast Telegraph,* (Tuesday 20 October 1925).

British Newspaper Archive *Berwickshire News and General Advertiser,* (Tuesday 26 December 1871).

British Newspaper Archive *Cornish and Devon Post,* (Saturday 11 January 1908).

British Newspaper Archive *Northampton Chronicle and Echo* (Tuesday 14 November 1911).

British Newspaper Archive *Northern Whig* (Friday 08 April 1898).

British Newspaper Archive *The Bridgeport Evening Farmer* (16 September, 1913).

British Newspaper Archive *The Scotsman* (Thursday 15 July 1920).

British Newspaper Archive *Weekly's Freeman's Journal,* (Saturday 18 February 1922).

British Newspaper Archive *Western Times* (Saturday 24 May 1890).

British Newspaper Archive, *Daily Herald,* (Thursday 10 June 1920).

British Newspaper Archive, *Derby Mercury,* (Thursday 08 February 1733).

British Newspaper Archive, *Hull Daily,* (Saturday 07 December 1935).

British Newspaper Archive, *Leeds Times,* (Saturday 21 March 1846).

British Newspaper Archive, *Manchester Courier and Lancashire General Advertiser,* (Saturday 29 January 1881).

British Newspaper Archive, *Newcastle Courant,* (Saturday 14 October 1721).

British Newspaper Archive, *Nottingham Evening Post,* (Friday 09 February 1894).

British Newspaper Archive, *Pall Mall Gazette,* (Monday 15 August 1921).

British Newspaper Archive, *Yorkshire Evening Post,* (Saturday 18 July 1891).

British Newspaper Archive, *Aberdeen Evening Express* (Wednesday 10 September 1986).

British Newspaper Archive, *Bell's Weekly Messenger,* (Saturday 02 August 1862).

British Newspaper Archive, *Bucks Herald*, (Friday 27 February 1948).

British Newspaper Archive, *Daily Mirror*, (Saturday 19 February 1938).

British Newspaper Archive, *Eastbourne Gazette*, (Wednesday 29 May 1867).

British Newspaper Archive, *Evening Herald (Dublin)*, (Saturday 14 January, 2006).

British Newspaper Archive, *Falkirk Herald*, (Wednesday 27 April 1887).

British Newspaper Archive, *Globe*, (Saturday 24 April 1920).

British Newspaper Archive, *Hampshire Chronicle*, (Saturday 05 September 1846).

British Newspaper Archive, *Hastings and St. Leonards Observer*, (Saturday 20 September 1919).

British Newspaper Archive, *Lancashire Evening Post* (Thursday 27 May 1920).

British Newspaper Archive, *Leeds Mercury*, (Friday 02 March 1934).

British Newspaper Archive, *Millom Gazette*, (Friday 12 September 1913).

British Newspaper Archive, *Newcastle Daily Chronicle*, (Friday 12 December 1919).

British Newspaper Archive, *Newcastle Daily Chronicle*, (Wednesday 26 November 1919).

British Newspaper Archive, *Sheffield Evening Telegraph*, (Friday 08 May 1914).

British Newspaper Archive, *Shepton Mallet Journal*, (Friday 27 July 1923).

British Newspaper Archive, *Sussex Advertiser*, (Monday 03 November 1760).

British Newspaper Archive, *Taunton Courier and Western Advertiser,* (Saturday, 20 November 1943).

British Newspaper Archive, *The Editor's Box*, (Wednesday 06 November 1929).

British Newspaper Archive, *Truth*, (Thursday 20 December 1888).

British Newspaper Archive, *West Sussex County Times*, (Friday 01 October 1943)

British Newspaper Archive, West Sussex County Times, (Friday 27 April 1945).

British Newspaper Archive, *Western Daily Press*, (Saturday 23 November 1935).

British Newspaper Archive, *Whitby Gazette*, (Saturday 06 June 1863).

British Newspaper Archive, *Daily Mirror*, (Monday 20 May 1929).

British Newspaper Archive, *Daily Record*, (Thursday 15 October 1914).

British Newspaper Archive, *Hampshire Advertiser*, (Wednesday 20 December 1899).

British Newspaper Archive, *Illustrated Police News*, (Thursday 24 January 1918).

British Newspaper Archive, *Liverpool Echo*, (Thursday 08 June 1995).

British Newspaper Archive, *Newcastle Courant*, (Saturday 16 August 1746).

British Newspaper Archive, *Portsmouth Evening News*, (Tuesday 21 December 1926).

British Newspaper Archive, *Stamford Mercury*, (Wednesday 08 March 1721).

British Newspaper Archive, *Sunday World*, (Dublin) (Sunday 04 August 2002).

British Newspaper Archive, *Uxbridge & W. Drayton Gazette*, (Friday 29 August 1930).

British Newspaper Archive, *Pall Mall Gazette*, (Saturday 01 July 1916).

British Newspaper Archive, *Western Mail*, (Tuesday 18 February 1913).

Brown, N. I, *Recipes from Old Hundred: 200 Years of New England Cooking*, (M.Barrows and Company, U.S.A.,1939).

Burke, J, *Amelia Earhart: Flying Solo,* (Quarto Publishing Group, U.S.A, 2017).

Burnett, J, *Liquid Pleasures: A Social History of Drinks in Modern Britain*, (Routledge, 2012)

Buttar, P, *Russia's Last Gasp: The Eastern Front 1916-17*, (Bloomsbury Publishing, 2016).

Cabell, C, *Captain Kidd: The Hunt for the Truth,* (Pen & Sword Maritime, Yorkshire, 2011).

Cadbury, R, *Cocoa: All About It*, (S. Low, Marston, Ltd, 1896).

Casanova, G, *The Complete Memoirs of Casanova, the Story of My Life,* (Benediction Classics, 2013).

Casanova, G, *The Memoirs of Casanova*, (Musaicum Books, 2017)

Chalmers, C, *French San Francisco*, (Arcadia Publishing, 2007)

Chiller, A, *German National Cookery for English Kitchens,* (Chapman and Hall, London 1873)

Chronicling America. Historic American Newspapers. Lib of Congress. *New York Tribune* (12 January 1911)

Chronicling America. Historic American Newspapers. Lib of Congress. *New York Evening Post*, (1750).

Chrystal, P, Dickinson, J, *History of Chocolate in York*, (Remember When, Yorkshire, 2012).

Civitello, L, *Cuisine and Culture: A History of Food and People*, (John Wiley & Sons,

2008) 232.

Claire, M, *The Modern Cook Book for the Busy Woman*, (Greenberg, New York, 1932).

Clarke, C,G., *The Men of the Lewis and Clark Expedition*, (University of Nebraska Press, 2002)

Clemens, F.A. *Practical Confectionery Recipes for Household and Manufacturers*, (Pittsburgstates,1899).

Colmenero de Ledesma, A, (Translated by Capt. James Wadsworth), *Chocolate, Or, An Indian Drinke*, (John Dakins,London 1652).

Coomansingh, J, *Cocoa Woman: A Narrative About Cocoa Estate Culture in the British West Indies*, (Xlibris, 2016).

D'Anghiera's, P. W., *The Decades of the Newe Worlde or West India Conteynyng the Nauigations and Conquestes of the Spanyardes,* (Edward Sutton publishers, London, 1555).

D'Antonio, M, *Hershey: Milton S.Hershey's Extraordinary Life of Wealth, Empire and Utopian Dreams,* (Simon & Schuster, New York, 2006).

D'Arcy, B, *Chocolagrams: The Secret Language of Chocolates*, (Chocolate Boat Press, 2016)

D'imperio, Chuck, *A Taste of Upstate New York: The People and The Stories Behind 40 Food Favorites*, (Syracuse University Press, U.S.A.,2015)

Dahl, S *Very Fond of Food: A Year in Recipes*, (Ten Speed Press, 2012).

Dalby, A, *Dangerous Tastes: The Story of Spices*, (University of California Press, USA, 2000)

Davey, R, *The Pageant of London*, (Methuen & Co., London, 1906) 387.

De Chelus, D., *The Natural History of Chocolate,* (J.Roberts, London, 1724).

de Chesnay, M (ed) *Sex Trafficking: A Clinical Guide for Nurses,* (Springer publishing, 2012)

Del Castillo, B, *The Memoirs of the Conquistador Bernal Diaz Del Castillo*, Vol 1, (J Hatchard & Son, London, 1844)

de Montespan, Madame La Marquise, *Memoirs of Madame La Marquise de Montespan,*

Volume 1, (L.C. Page & Company, Boston, 1899).

Desaulniers, M, *The Trellis Cook Book,* (Simon & Schuster, New York, London, Toronto, Sidney, Tokyo, Singapre, 1992)

Deutschmann, E, *The Home Confectioner*, (New York, 1915)

Dickens, C, *A Tale of Two Cities* (Chapman & Hall, London, 1868)

Dillinger, T, Barriga, P, Escarcega, S, Jimenez, M, Lowe, Diana, Grivetti, L, *Food of the Gods: Cure for Humanity? A Cultural History of the medicinal and Ritual Use of Chocolate*, (American Society for Nutritional Sciences, 2000).

Douglas Jerrold's Shilling Magazine. v. 1, (London, 1845)

Duff, C, *Ireland and the Irish*, (Putnam, New York, 1953)

Eales, M, *Mrs Mary Eales's Receipts,* (J.Brindley, London, 1733).

Elizabeth, M, *My Candy Secrets*, (Frederick A.Stokes, New York, 1919)

Esquivel, L, *Like Water for Chocolate,* (Black Swan, London, 1993)

Farmer, F. M, *The Boston Cooking School Cook Book,* (Little Brown and Co., Boston, 1911)

Fleck, H, Fernandez, L, Munves, E, *Exploring Home and Family Living,* (Prentice–Hall, New Jersey, 1959)

Forbes Irvine, A, *Report of the Trial of Madeleine Smith,* (T&T Clark, Edinburgh, 1857)

Francatelli, C.E., *The Cook's Guide and Housekeeper's & Butler's Assistant*, (1862)

Frederick, J.G., *The Pennsylvania Dutch and Their Cookery*, (The Business Boures, New York, 1935)

Frost, A, *Utterly Unbelieveable WWII in Facts*, (Penguin, 2019).

Gaul, E, Berolzheimer, R (ed), *The Candy Book*, (Consolidated Book Publishers, Chicago. 1954).

Georgescu, I, *Carpathia: Food from the Heart of Romania,* (Frances Lincoln, 2020)

Gerhard, P, *Pirates of the Pacific, 1575-1742*, (University of Nebraska Press, 1990)

Glasse, H, *The Art of Cookery Made Plain and Easy*, (J. Rivington& sons, London, 1788)

Goldoni, C The *Coffee House*, (Marsilio Publishers, 1998)

Goncourt, E, Goncourt, J *Madame Du Barry*, (J.Long, London, 1914)

Gouffe, J, *The Royal Cookery Book*, (Sampson Low, Son & Marston, London, 1869)

Gould, R, *The Corruption of the Times by Money: A Satyr*, (Matthew Wotton, London, 1693)

Grivetti, L.E., Shapiro, Y,(ed), *Chocolate: History, Culture and Heritage,* (John Wiley and Sons, Uni of California, 2000)

Guittard, A, *Guittard Chocolate Cookbook, Chronicle Books,* (San Francisco 2015)

Hackenesch, S, *Chocolate and Blackness: A Cultural History*, (Campus Verlag, Frankfurt/New York, 2017)

Hagman, B, *The Gluten-Free Gourmet Makes Dessert*, (Henry Holt and Company, New York, 2003).

Hale, S.J., *Mrs. Hale's New Cook Book*, (T.B Peterson and Brothers, Philadelphia, 1857)

Hall, H, *The Vertues of Chocolate East-India Drink*, (Oxford, 1660)

Hall, R, Burgess, C, *The First Soviet Cosmonaut Team*, (Springer 2009)

Harris, J, *Chocolate*, (Thorndike Press, 1999)

Harris, J, Warde, F, *The French Kitchen: A Cookbook*, (Random House, London, 2002)

Hasse, D, *The Greenwood Encyclopaedia of Folktales*, (Greenwood Publishing Group, 2017)

Hershey Community Archives *"Ration D Bars –"*Hersheyarchives.org.

Higginbotham, P, *The Workhouse. The Story of an Institution*. Online at Workhouses.org.uk/Dewsbury

Higgs, C, *Chocolate Islands: Cocoa, Slavery and Colonial Africa*, (Ohio University Press, 2012)

Historic Royal Palaces Enterprises Limited, *Chocolate Fit for a Queen*, (Random House, 2015)

Hough, P.M., *Dutch Life in Town and Country,* (G.P Putnam's Sons, New York, 1902)

House, J, Jeffrey, R, Findlay,D, *Square Mile of Murder: Horrific Glasgow Killings*. (Black and White Publishing, 2002).

Howard, B, Bruce, A, Duncan, A, Semmes, J, *Tight Lines and a Happy Landing : Anticosti, July, 1937*. (Reese Press, Baltimore, 1937)

Hughes, W, *The American Physician,* (William Crook, London 1672).

Jaine T (ed), *Oxford Symposium on Food and Cookery, 1984 & 1985*, (Prospect Books,

1986) 159.

Jeffers, H.P., *Roosevelt the Explorer*, (Taylor Trade Publishing, 2002).

Joyce, J, *Ulysses*, (General Press, 2016).

Kay, E, *Dining with the Georgians*, (Amberley Publishing, Stroud, 2014).

Kisluk–Grosheide, D, Rondot, B (ed), *Visitors to Versailles: From Louis XIV to the French Revolution*, (The Metropolitan Museum of Art, New York. USA and London)

Krakauer, J, *Into thin Air: A Personal Account of the Mount Everest Disaster*, (Pan Books, New York, Canada and Great Britain, 1997)

Kuritz, P, *The Making of Theatre History*, (Pearson College division, 1988)

Kurlansky, M, *The Basque History of the World*, (Vintage books, London, 2000)

Kushen, R, Schwartz, H, Mikva, A, *Prison Conditions in the Soviet Union*, (Human Rights Watch, USA, 1991)

Latosinska, J.N., Latosinska, M (ed), *The Question of Caffeine*, (InTech, Croatia, 2017) 5.

Le Blanc, R.D., *Bonbons and Bolsheviks: The Stigmatization of Chocolate in Revolutionary Russia*, (University of New Hampshire, 2018)

Leake J, *Medical Instructions Towards the Prevention and Cure of Chronic Diseases Peculiar to Women*, (Baldwin, London, 1787).

LeMoine, J.M, *The Chronicles of the St Lawrence*, (Montreal, 1878)

Library of Congress, Historic American Newspapers, *Virginia Argus*, (6 February 1814).

Library of Congress, Historic American Newspapers, *The Centre Reporter*, (27 April 1876).

Life Magazine, (November 1952)

Life Magazine, (1939)

London Evening Standard, (Monday 17 August 1846).

Loomis, S, Du Barry, (Lippincott, 1959)

Loveman, K. (2013). The Introduction of Chocolate into England: Retailers, Researchers, and Consumers, 1640 – 1730. Journal of Social History 47(1), 27–46. Oxford University Press.

Loveman, K. (2013). *The Introduction of Chocolate into England: Retailers, Researchers, and Consumers, 1640–1730*. Journal of Social History 47(1), 27–46. Oxford University Press.

Lummis, C.F., *The Landmark Club Cook Book: a California Collection of the Choicest Recipes from Everywhere,* (The Out West company, Los Angeles, 1903)

Mackay, C London *Memoirs of Extraordinary Popular Delusions and Madness of Crowds* (London, 1852)

Macky, J, *Journey Through England,* (J. Roberts, 1714)

Mathur, S, *Indian Sweets* (Ocean Books, New Delhi, 2000)

Matt Gozun, *Jeffrey Dahmer: Twenty Years Later,* The Marquette Wire, Feb 28, 2012 Accessed from marquettewire.org/3807972/tribune/ tribune–featured/dahmer–closer–look/

Matthews,K, *Great Blueberry Recipes*, (Storey Publishing, U.S.A, 1997)

Mayhew, M *London Labour and the London Poor*, volume 1, (1861)

McGrath, J.F, *War Diary of 354th Infantry*, (J. Lintz, U.S.A, 1920)

McGregor, A, *Frank Hurley: A Photographer's Life,* (National Library of Australia, 2019)

Meade, L.T., *A Sweet Girl Graduate*, (1st World Publishing, 2004)

Meder, T, *The Flying Dutchman and Other folktales from the Netherlands*, (Greenwood Publishing Group, 2008)

Mercier, J, *The Temptation of Chocolate*, (Lannoo Uitgeverij, 2008)

Mercier, J, *The Temptation of Chocolate*, (Racine, 2008)

Monlau, P.F, *Higiene de Matrimonio: El Libro de los Casados*, (The Book of Marriage Hygiene), (1881)

Montague, C, *Pirates and Privateers: A Swashbuckling Compendium of Seafaring Scoundrels*, (Chartwell Books, 2017)

Moody, H, *Mrs William Vaughn Moody's Cook-Book*, (C.Sribner's Sons, New York, 1931)

Mrs. Ben Issacs, *The New Orleans Federation of Clubs Cook Book*, (New Orleans, 1917)

Neil, M,H, *Candies and Bonbons and How to Make Them*, (D.McKay, Philadelphia, 1913)

Neil, H, *The True Story of the Cook and Peary Discovery of the North Pole,* (The Educational Co., Chicago, 1909).

Nevinson, H, *A Modern Slavery*, (Wentworth Press, 2016)

Norton, Marcy, Sacred Gifts, Profane Pleasures: A History of Tobacco and Chocolate….

Notes and Queries, (Oxford University Press, 1869)

Nott, J, *The Cooks and Confectioners Dictionary*, (C.Rivington, London, 1723).

O'Neil, D.S, *Fix the Pumps: The History of the Soda Fountain*, (2010, Art of Drink.com)

Ohler, Norman, *Blitzed: Drugs in Nazi Germany*. (Penguin, 2016).

Orange Coast Magazine, (U.S.A.,March 2006)

Orange Coast Magazine, (U.S.A., December 1987)

Ordahl Kupperman, K, *Roanoke: The Abandoned Colony*, (Rowan & Littlefield, United States and Plymouth, UK, 2007)

Ordinary's Account, 21 April 1714, The Old Bailey *Old Bailey Proceedings Online* (www. oldbaileyonline.org, version 8.0, 17 July 2020), *Ordinary of Newgate's Account*, April 1714 (OA17140421).

Otterman, *Handcuffed for selling Churros: Inside the World of illegal food vendors*, The New York Times, 12 November 2019

Parascandola, J, *King of Poisons: A History of Arsenic*, (Potomac Books, Washington D.C., 2012).

Pare, J, *Company's Coming Cookies*, (Company's Coming Publishing Limited, Canada, 1988)

Parks, T, *The Works of British Poets*, (J. Sharpe, London, 1818).

Parloa, M, *Miss Parloa's New Cook Book and Marketing Guide*, (Applewood Books, U.S.A, 2008)

Parrott, T,M (ed,) *The Rape of the Lock and Other Poems*, (1906)

Patterson, R, *A Kitchen Witch's World of Magical Food,* (Moon Books, 2015)

Pepys, *S, Delphi Complete Works of Samuel Pepys (Illustrated)*, (Delphi Classics, Hastings, 2015)

Printz, D,R, *On The Chocolate Trail*, (Jewish Lights Publishing, U.S.A., 2013)

Prior, M, *The Poetical Works of Matthew Prior*, (William Pickering, London, 1835).

Prison Discipline Society, *Annual Report of the Board of managers of the Prison Discipline, volumes 1-6.*, (T. R Marvin, Boston Massachusettes,1830).

Psychopedia, (Blackhous Applications, 2014).

Puri, R. K, Puri, R., *Natural Aphrodisiacs: Myth or Reality*, (Xlibris Corporation, USA,

2011)

Radford, R.A, *The Economic Organization of a P.O.W. Camp,* (Economica, 1945)

Rawley, J. A, Behrendt, S. D, *The Transatlantic Slave Trade: A History*, (University of Nebraska Press, U.S.A, London, 1981)

Read, P, *Alive*, (Open Road Media, New York, 2016).

Reed, T, *The Whole Duty of a Woman*, (London, 1737)

Redfield, R, *Chan Kom a Maya Village*, (University of Chicago Press, 1962).

Reilly, N, *Ukrainian Cuisine with an American Touch and Ingredients*, (Xlibris corporation, U.S.A, 2010)

Reitain, E, *Is God A Delusion?*, (John Wiley & Sons, 2011).

Richards, P, *Candy for Desert*, (The Hotel Monthly Press, Chicago, 1919)

Rowntree's Little Cookbook of 'Elect Recipes, (Rowntree's, York, Circa 1930).

Roy, S, *Business Biographies: Shaken not Stirred*, (IUniverse, Inc. USA, 2011).

Ruiz de Alarcon, H, *Treatise on the Heathen Superstitions that Today Live Among the Indians Native to this New Spain, 1629,* (University of Oklahoma Press, 1984)

Ryalls, C.W, (ed) *Transactions of The National Association for the Promotion of Social Science*, (Longman's, Green and Co.,1877)

Sahgal,N, *Prison and Chocolate cake* (Harper perennial, 2007)

Sammarco, A., *The Baker Chocolate Company: A Sweet History* (The History Press, U.S.A. 2009).

Sandler, M, *Flying Over the U.S.A: Airplanes in American Life*, (Oxford University Press, New York, 2004).

Saunders, N, J, *The Peoples of the Caribbean: An Encyclopedia of Archaeology and Traditional Culture,* (A.B.C. Clio, California, Colorado and Oxford, England. 2005)

Scott, R.F., *Captain Scott's Last Expedition*, (Oxford University Press, 2008).

Sinclair, S, Cadbury Bros, Ltd., *Cadbury's Practical Recipes,* (Partridge & Love Ltd., Bristol, 1955)

Smith, J, McKay, C (ed), *The Streets of London*, (R. Bentley, London, 1854)

Smith, Mary G, *Temperance Cook Book*, (Mercury Book and Job Print House, California,

1887)

Smith, M, D., (ed), *Sex and Sexuality in Early America*, (New York University Press, New York and London, 1998).

Stevenson, R, *The First Dated Mention of the Sarabande,* Journal of the American Musicological Society, volume 5, 1952.

Stewarton, L.G., *The Secret History of the Court and Cabinet of St Cloud, 1806,* (J.Murray, 1806)

Stirling, A.,(ed), *A Belle of the Fifties. Memoirs of Mrs. Clay of Alalabama, Covering Social and Political Life in Washington and the South, 1853-66*, (Doubleday, Page and Company, 1905)

Strother, E, *Criticon Febrium, or A Critical Essay on Fevers*, (Charles Rivington, London 1718).

Strother, E, *Materia medica or A new description of the virtues and effects of all drugs or simple medicines*, (Charles Rivington, London, 1729)

Stubbe, H, *The Indian Nectar, Or a Discourse Concerning Chocolata*, (Andrew Crook, London, 1662).

Sukley, B, *Pennsylvania Made*, (Rowman and Littlefield, 2016)

Testa, D.W., (ed) *Government Leaders, Military Rulers and political Activists.* (Routledge, London 2014).

Thackeray, W.M, *The Four Georges* (Smith, Elder & Co., London)

The Collected Works of Samuel Taylor Coleridge, Volume 1: Lectures (Princeton University Press, 2015)

The Magazine of Domestic Economy, Volume 4, (W.S. Orr & Co., London, 1839)

The Magazine of Science, and School of Arts, Volume 5, (1844)

The Medical Times and Gazette: A Journal of Medical Science, Volume 1, (John Churchill and Sons, London, 1869).

The Village Improvement Society, *A Book for the Cook : Old Fashioned Receipts for new Fashioned Kitchens,* (Greenfield, Connecticut, 1899)

Toblerone Cookbook: 40 Fabulous Baking Treats, (Kyle Books, 2020).

Treadwell, T, Vernon, M, *Last Suppers: Famous Final Meals from Death Row*, (CreateSpace Independent Publishing Platform, USA, 2011).

Trusler, J, *CHAP. XXIII. Review of the Manners and Customs of the Italians in general, particularly in their private Life, their Games and Pastimes*, (London 1788)

Vanetti, D, *The Querulous Cook; Haute Cuisine in the American Manner*, Macmillan, New York, 1963)

Visioli, F, *Chocolate and Health*, (Springer, 2012)

Wairy, L.C., *Memoirs of Constant – First Valet de Chambre to the Emperor, Volume 2*, (Pickle Partners Publishing, 2011).

Walsh, J, H, *The English Cookery Book*, (G.Routledge and Company, London, 1859)

Wheatley, H.B., *Hogarth's London: Pictures of the Manners of the Eighteenth Century*, (Constable and Company, London 1909).

Williams, V, *Celebrating Life Customs around the World: From Baby Showers to Funerals*, (ABC–CLIO, U.S.A., 2016)

Wingate Chemical Company, *The Wingate Almanac*, (1903).

Wood, A, *Home-made Candies*, (Buffalo, 1904)

Wyman, A.L., (ed) *Los Angeles Times Prize Cook Book*, (Times–Mirror Print and Binding House, Los Angeles, 1923).

Wyman, A.L., *Chef Wyman's Daily Health Menus*, (Wyman Food Service, Los Angeles, 1927)

参考网站

[*Attested copies from the Register of the Court of Admiralty. S.P. Dom., Car. II.* 291, *No. 148.*] 'Charles II: July 1671', in *Calendar of State Papers Domestic: Charles II, 1671*, ed. F H Blackburne Daniell (London, 1895), pp. 352–408. *British History Online* http://www.british–history.ac.uk/cal–state–papers/domestic/chas2/1671/pp352–408

Abstracts of the Creditors for the year 1750, George Ⅲ Financial Papers, 1759, Royal Collection Trust https://gpp.rct.uk/Record. aspx?src=CalmView.Catalog&id=GIII_FIN%2f2%2f3%2f9&pos=4,

Akbar, A, 'Aztec ruler Moctezuma Unmasked', *The Independent,* Mon 13 April, 2009, https://www.independent.co.uk/arts−entertainment/art/ features/aztec−ruler−moctezuma− unmasked−1668030.html

'America and West Indies: January 1714', in *Calendar of State Papers Colonial, America and West Indies: Volume 27, 1712-1714,* ed. Cecil Headlam (London, 1926), pp. 284– 295. *British History Online* http:// www.british−history.ac.uk/cal−state−papers/colonial/ america−west− indies/vol27/pp284−295

Beata's Bakery, Wuzetka cake, https://wypiekibeaty.com.pl/ciasto− wuzetka/,

Blake, I, *So that's Why American chocolate tastes so horrible,* Mail Online, 2017, https:// www.dailymail.co.uk/femail/food/article−4155658/The− real−reason−American−chocolate− tastes−terrible.html

Carlson, M., *Twelve. A Poema in a new translation*, KU ScholarWorks, https:// kuscholarworks.ku.edu/handle/1808/6598?show=full,

Choat, I, *A Chocolate tour of London: a taste of the past*, The Guardian, 23 December, 2013. https://www.theguardian.com/travel/2013/dec/23/ chocolate−tour−of−london,

Chocolate in Norway– Now and then, online at 2017https://sunnygandara. com/chocolate− in−norway−now−and−then/

Chocolate Mousse Murderer *Mail Online*, 27 February, 2008. Online at https://www. dailymail.co.uk/news/article−520312/Chocolate−mousse− murderer−Middle−aged−man− kills−parents−lacing−pudding−poison− wouldnt−let−leave−home.html

Clark, September 17, 1806, *Journals of the Lewis & Clark Expedition*, https:// lewisandclarkjournals.unl.edu/item/lc.jrn.1806−09−17#lc. jrn.1806−09−17.01

Cookpad, Suzi Q Cakes with Cream Filling, https://cookpad.com/uk/ recipes/7285321−suzy− q−cakes−with−cream−filling,

Cox, N, Dannehl, K, 'Checker − Chypre', in *Dictionary of Traded Goods and Commodities 1550-1820* (Wolverhampton, 2007), *British History Online* http://www.british−history. ac.uk/no−series/traded−goods− dictionary/1550−1820/checker−chypre

Elit Chocolate, Recipes, Chocolate Cheesecake, http://www.elit− chocolate.com/recipies/ cheese−cake/

'Entry Book: July 1688, 1–10', in *Calendar of Treasury Books, Volume 8, 1685-1689*, ed. William A Shaw (London, 1923), pp. 1974–1993. *British History Online* http://www. british–history.ac.uk/cal–treasury– books/vol8/pp1974–1993

Favy, Japan, *Choco Banana: Only at Summer Festivals in Japan*, available from https:// favy–jp.com/topics/644,

Haigh's Chocolate, Recipes, available from https://www. haighschocolates.com.au/recipes/ haighs–celebration–chocolate– mousse–cake,

https://www.mirror.co.uk/news/world–news/scott–expedition–cake– almost–edible–10969916

https://www.nzherald.co.nz/business/news/article.cfm?c_id=3&objectid= 12301483

https://www.rbth.com/russian–kitchen/329408–birds–milk–soviet–cake, *Inside US$31.5 billion Ferrero Rocher heir Giovanni Ferrero's family tragedies,* News.com.au, 18 January,2020

Kitching, C, *Scott expedition cake 'almost' edible after being found near South Pole 100 years after explorer's ill-fated voyage,* 11 August, 2017, The Daily Mail,

Library of Congress newspaper archives. https://chroniclingamerica. loc.gov/

Marquesa de Chocolate, Venezuelatuya.com https://www.venezuelatuya. com/cocina/ marquesa_chocolate.htm,

Martyris, N, *Amelia Earhart's Travel Menu Relied on 3 Rules and People's Generosity*, July 8, 2017, https://www.npr.org/sections/ thesalt/2017/07/08/536024928/amelia–earharts–travel–menu–relied– on–three–rules–and–peoples–generosity?t=1601381978599

May 16, 2018, https://www.insider.com/serial–killers–last–meals–2018–5

Menier Chocolate, recipes, available from : https://www.menier.co.uk/wp–content/ uploads/2017/02/Tender–Curried–Lamb–Stew.pdf

Mignon Chocolate, https://mignonchocolate.com/about–us/

Milwaukee Public Lib, *Milwaukee Journal*, 1983, Online at https:// www.mpl.org/special_ collections/images/index.php?slug=historic– recipe–file

Ordinary's Account, 3 November, 1725, Ref: t17251013–25, Old Bailey, https://www. oldbaileyonline.org/browse.jsp?id=t17251013– 25&div=t17251013–25&terms=Foster_ Snow#highlight

'Pall Mall, South Side, Past Buildings: Ozinda's Chocolate House', in *Survey of London: Volumes 29 and 30, St James Westminster, Part 1*, ed. F H W Sheppard (London, 1960), p. 384. *British History Online* http://www.british–history.ac.uk/survey-london/vols29–30/pt1/p384

Park, M, CNN Health News Jan 8, 2010, *Soda Fountains contained fecal bacteria, study found.* http://edition.cnn.com/2010/HEALTH/01/08/ soda.fountain.bacteria/index.html

Rabbi Debbie Prinz, Jewish Journal, *On the Trail of Chocolate*, May 14, 2014, available from https://jewishjournal.com/culture/food/129134/ on–the–trail–of–chocolate/

Rowling, J.K., *Dementors and Chocolate*, Wizarding World https:// www.wizardingworld.com/writing–by–jk–rowling/dementors–and– chocolate,

Siddique, H, *Charlie and the Chocolate Factory hero 'was originally black'.* The Guardian. Wednesday 13 September, 2017, https://www. theguardian.com/books/2017/sep/13/charlie–and–the–chocolate– factory–hero–originally–black–roald–dahl

Smith, Nasha, *What 9 Serial Killers Were Served for Their Last Meal*

'St. James's Street', in *Survey of London: Volumes 29 and 30, St James Westminster, Part 1*, ed. F H W Sheppard (London, 1960), pp. 431–432. *British History Online* http://www. british–history.ac.uk/survey– london/vols29–30/pt1/pp431–432

'St. James's Street, West Side, Past Buildings', in *Survey of London: Volumes 29 and 30, St James Westminster, Part 1*, ed. F H W Sheppard (London, 1960), pp. 459–471. *British History Online* http://www. british–history.ac.uk/survey–london/vols29–30/pt1/pp459–471

Tan, W, *Cadbury loses fight for colour purple* The Sunday Morning Herald, April 11, 2008, https://www.smh.com.au/national/cadbury– loses–fight–for–colour–purple–20080411–25gw.html

Tewari, S, *Paid to Poo: Combating open defecation in India* BBC News 30 August 2015 https://www.bbc.co.uk/news/health–33980904

Than, C, *The Rich and Flavourable History of Chocolate in Space*, 10 February, 2015 available at https://www.smithsonianmag. com/science–nature/rich–and–flavorful–history–chocolate– space–180954160/

The American Druggist and Pharmaceutical Record, Volume 25, (American Druggist

Publishing Company New York, 1894) 201.

The Independent, *Nestle pays $14.6m into Swiss banks' Holocaust settlement* Monday 28 August,2000,https://web.archive.org/ web/20150703053430/http://www.independent.co.uk/ news/ business/news/nestle–pays–146m–into–swiss–banks–holocaust– settlement–711755. html

The Recipe for Nougat, Arnaud–Soubeyran, https://www. nougatsoubeyran.com/en/the–recipe– of–nougat/

The Smell of Chocolate, Hebrew Songs, http://www.hebrewsongs.com/ song–reachshelshokolad. htm

Uhlig, R, *How Edmund Hillary conquered Everest,* 12 January, 2008, The Telegraph. https://www.telegraph.co.uk/news/uknews/1575348/ How–Edmund–Hillary–conquered– Everest.html,

United Press International, *Chocolate Possibly Contaminated by Chernobyl Radiation*, April 5, 1988, https://www.upi.com/ Archives/1988/04/05/Chocolate–possibly–contaminated–by– Chernobyl–radiation/3538576216000/

Van Houtens Chocolate, *Grace's Guide to British Industrial History*, https://www.gracesguide. co.uk/Van_Houtens_Chocolate,

Wilkie, J, *Select Trials for murder, robbery, burglary, rapes, sodomy, coining, forgery, piracy and other offences and misdemeanours at the Sessions-House in the Old Bailey*, (London, 1764).

文内引文

引言

[1] D'Anghiera's, P. W., *The Decades of the Newe Worlde or West India Conteynyng the Nauigations and Conquestes of the Spanyardes* (Edward Sutton publishers, London, 1555).

[2] Del Castillo, B, *The memoirs of the Conquistador Bernal Diaz Del Castillo*, Vol 1, (J Hatchard & Son, London, 1844).

[3] Testa, D. W., (ed) *Government Leaders, Military Rulers and political Activists* (Routledge, London, 2014).

[4] Akbar, A, 'Aztec ruler Moctezuma Unmasked', *The Independent*, Monday, 13 April 2009, https://www.independent.co.uk/ arts–entertainment/art/features/aztec–ruler–moctezuma– unmasked–1668030.html, (accessed 27/09/2020).

[5] Mercier, J, *The Temptation of Chocolate*, (Lannoo Uitgeverij, 2008).

[6] *Chocolate in Norway – Now and then,* online at https://sunnygandara. com/chocolate–in–Norway–now–and–then/ (accessed, 15/10/2020).

[7] British Newspaper Archive, *Stamford Mercury* (Wednesday 8 March 1721).

[8] Cox, N, Dannehl, K, 'Checker – Chypre', in *Dictionary of Traded Goods and Commodities 1550-1820* (Wolverhampton, 2007), *British History Online* http://www.british–history.ac.uk/no–series/ traded–goods–dictionary/1550–1820/checker–chypre [accessed 16 May 2020].

［9］Nott, J, *The Cooks and Confectioners Dictionary*, (C. Rivington, London, 1723).

［10］Ordinary's Account, 21 April 1714, The Old Bailey *Old Bailey Proceedings Online* (www.oldbaileyonline.org, version 8.0, 17 July 2020), *Ordinary of Newgate's Account*, April 1714 (OA17140421).

［11］British Newspaper Archive, *Liverpool Echo* (Thursday 8 June 1995).

［12］Higginbotham, P, *The Workhouse. The Story of an Institution.* Online at Workhouses. org.uk/Dewsbury (accessed 27/07/2020).

［13］Kushen, R, Schwartz, H, Mikva, A, *Prison Conditions in the Soviet Union* (Human Rights Watch, USA, 1991, p20).

［14］Prison Discipline Society *Annual Report of the Board of managers of the Prison Discipline, volumes 1-6*, (T. R Marvin, Boston, Massachusetts, 1830).

［15］Nott, J, *The Cooks and Confectioners Dictionary*, (C. Rivington, London, 1723).

第 1 章　杀人越货、奴役与欺骗：巧克力最黑暗的一面

［1］'Entry Book: July 1688, 1–10', in *Calendar of Treasury Books, Volume 8, 1685-1689*, ed. William A Shaw (London, 1923), pp. 1974–1993. *British History Online* http://www. british-history. ac.uk/cal-treasury-books/vol8/pp1974–1993 [accessed 16 May 2020].

［2］Rawley, J. A, Behrendt, S. D, *The Transatlantic Slave Trade: A History*, (University of Nebraska Press, U.S.A, London, 1981) 124.

［3］Higgs, C, *Chocolate Islands: Cocoa, Slavery and Colonial Africa*, (Ohio University Press, Ohio, 2012) 9.

［4］'America and West Indies: January 1714', in *Calendar of State Papers Colonial, America and West Indies: Volume 27, 1712-1714*, ed. Cecil Headlam (London, 1926), pp. 284–295. *British History Online* http://www.british-history.ac.uk/cal-state-papers/ colonial/ america-west-indies/vol27/pp284–295 [accessed 16 May 2020].

［5］[*Attested copies from the Register of the Court of Admiralty. S.P. Dom., Car. II. 291, No. 148.*] 'Charles II: July 1671', in *Calendar of State Papers Domestic: Charles II, 1671*, ed. F H Blackburne Daniell (London, 1895), pp. 352–408. *British History Online* http:// www.british-history.ac.uk/cal-state-papers/domestic/chas2/1671/ pp352–408 [accessed 16 May 2020].

[6] Ball, J, *Angola's Colossal Lie: Forced Labor on a Sugar Plantation,1913-1977*, (Brill, Boston, 2015) 33.

[7] Nevinson, H, *A Modern Slavery*, (Wentworth Press, 2016) 188.

[8] Ibid. 194.

[9] Nevinson, H, *A Modern Slavery*, (Harper & Brothers, 1906) 191.

[10] Ball, J, *Angola's Colossal Lie: Forced Labor on a Sugar Plantation,1913-1977*, (Brill, Boston, 2015) 34.

[11] de Chesnay, M (ed) *Sex Trafficking: A Clinical Guide for Nurses*, (Springer publishing, 2012) 47.

[12] British Newspaper Archive, *Newcastle Courant*, (Saturday 16 August 1746).

[13] Gerhard, P, *Pirates of the Pacific, 1575-1742.* (University of Nebraska Press, 1990) 84–85.

[14] Montague, C, *Pirates and Privateers: A Swashbuckling Compendium of Seafaring Scoundrels*, (Chartwell Books, 2017) 14.

[15] Grivetti, L.E., Shapiro, Y,(ed) *Chocolate: History, Culture and Heritage*, (John Wiley and Sons, Uni of California, 2000) 1970.

[16] Cabell, C, *Captain Kidd: The Hunt for the Truth,* (Pen & Sword Maritime, Yorkshire, 2011).

[17] Hughes, W, *The American Physician*, (William Crook, London 1672).

[18] Chocolate Mousse Murderer *Mail Online*, 27 February 2008. Online at https://www.dailymail. co.uk/news/article–520312/Chocolate– mousse–murderer–Middle–aged–man–kills– parents–lacing–pudding– poison–wouldnt–let–leave–home.html, (accessed 11/10/2020).

[19] British Newspaper Archive, *Sunday World*, (Dublin) (Sunday 04 August 2002).

[20] British Newspaper Archive *Western Times*, (Saturday 24 May 1890).

[21] British Newspaper Archive *Northern Whig*, (Friday 08 April 1898).

[22] British Newspaper Archive *The Bridgeport Evening Farmer*, (16 September 1913.

[23] Chronicling America. Historic American Newspapers. Lib of Congress, *New York Tribune* (12 January 1911).

[24] British Newspaper Archive *Belfast Telegraph*, (Tuesday 20 October 1925).

[25] British Newspaper Archive *The Scotsman*, (Thursday 15 July, 1920).

［26］British Newspaper Archive *Berwickshire News and General Advertiser*, (Tuesday 26 December 1871).

［27］Gouffe, J, The Royal Cookery Book, (Sampson Low, Son & Marston, London, 1869) 557.

［28］British Newspaper Archive *Aberdeen Herald and General Advertiser* (Saturday, 11 July, 1857).

［29］Forbes Irvine, A, *Report of the trial of Madeleine Smith*, (T&T Clark, Edinburgh, 1857) 109.

［30］Parascandola, *King of Poisons: A History of Arsenic*, (Potomac Books, Washington D.C., 2012).

［31］House, Jeffrey, R, Findlay, *Square Mile of Murder: Horrific Glasgow Killings*, (Black and White Publishing, 2002).

［32］Hale, S.J., *Mrs. Hale's New Cook Book*, (T.B Peterson and Brothers, Philadelphia, 1857) 441.

［33］Chronicling America. Historic American Newspapers. Lib of Congress. *New York Evening Post*, (1750).

［34］MacKay London *Memoirs of Extraordinary Popular Delusions and Madness of Crowds*, (London, 1852) 206–208.

［35］Ibid. 213–214.

［36］British Newspaper Archive, *Portsmouth Evening News*, (Tuesday 21 December 1926).

［37］British Newspaper Archive *Northampton Chronicle and Echo*, (Tuesday 14 November 1911).

［38］British Newspaper Archive, *Illustrated Police News*, (Thursday 24 January 1918).

［39］British Newspaper Archive, *Aberdeen Evening Express*, (Wednesday 10 September, 1986).

［40］British Newspaper Archive, *Western Mail*, (Tuesday 18 February 1913).

［41］Buttar, P, *Russia's Last Gasp: The Eastern Front 1916-17*, (Bloomsbury Publishing, 2016).

［42］https://www.rbth.com/russian-kitchen/329408-birds-milk-soviet- cake, (accessed 18/10/2020).

［43］Afoakwa, E.O., *Chocolate Science and Technology*, (Wiley- Blackwell, Chichester, 2011).

［44］Puri, R. K, Puri, R., *Natural Aphrodisiacs: Myth or Reality*, (Xlibris Corporation, USA, 2011) 6.

［45］Cadbury, R, *Cocoa: All About It*, (S. Low, Marston, Ltd, 1896).

［46］Stewarton, L.G., *The Secret History of the Court and Cabinet of St Cloud, 1806*, (J.Murray, 1806) 58–59.

［47］Hackenesch, S, *Chocolate and Blackness: A Cultural History*, (Campus Verlag, Frankfurt/New York, 2017) 89.

［48］Grivetti, L.E., Shapiro, Y,(ed) *Chocolate: History, Culture and Heritage*, (John Wiley and Sons, Uni of California, 2000) 670.

［49］Mercier, J, *The Temptation of Chocolate*, (Racine, 2008) 66.

［50］Bashor, W, *Marie Antoinette's Darkest Days: Prisoner No.280 in the Conciergerie*, (Rowman and Littlefield, New York and London) 2016.

［51］Loomis, S, *Du Barry*, (Lippincott, 1959) 12.

［52］Kisluk–Grosheide, D, Rondot, B (ed) *Visitors to Versailles: From Louis XIV to the French Revolution*, (The Metropolitan Museum of Art, New York. USA and London) 27

［53］Arnot, R, *Memoirs of the Comtesse du Barry*, (Dustan Society, 1903) 21.

［54］Goncourt, E, Goncourt, J *Madame Du Barry*, (J.Long, London, 1914) 374.

［55］Casanova, G, *The Memoirs of Casanova*, (Musaicum Books, 2017).

［56］Casanova, G, *The Complete Memoirs of Casanova, the Story of My Life*, (Benediction Classics, 2013).

［57］Ibid.

［58］Grivetti, L.E., Shapiro, Y, (ed) *Chocolate: History, Culture and Heritage*, (John Wiley and Sons, Uni of California, 2000).

［59］Matt Gozun, *Jeffrey Dahmer: Twenty Years Later*, The Marquette Wire, Feb 28, 2012 Accessed from marquettewire.org/3807972/ tribune/tribune–featured/dahmer–closer–look/ accessed on, 17/06/2020.

［60］Milwaukee Public Lib, *Milwaukee Journal*, 1983, Online at https:// www.mpl. org/special_collections/images/index.php?slug=historic– recipe–file accessed, 12/10/2020.

［61］Ibid.

［62］Smith, Nasha, *What 9 Serial Killers Were Served for Their Last Meal* May 16, 2018, https://www.insider.com/serial−killers−last− meals−2018−5 accessed 17/06/2020.

［63］ Desaulniers, M, *The Trellis Cook Book,* (Simon & Schuster, New York, London, Toronto, Sidney, Tokyo, Singapre, 1992) 264.

［64］ Treadwell, T, Vernon, M, *Last Suppers: Famous Final Meals from Death Row*, (Create Space Independent Publishing Platform, USA, 2011).

［65］ Wyman, A.L., *Chef Wyman's Daily Health Menus*, (Wyman Food Service, Los Angeles, 1927) 241.

［66］ Parloa, M *Miss Parloa's New Cook Book and Marketing Guide*, (Applewood Books, U.S.A, 2008) 330.

［67］ Hall, R, Burgess, C, *The First Soviet Cosmonaut Team*, (Springer 2009) 176.

［68］ Than, C, *The Rich and Flavourable History of Chocolate in Space*, 10 February, 2015 available at https://www.smithsonianmag. com/science−nature/rich−and−flavorful−history−chocolate− space−180954160/ accessed 20/09/2020.

［69］ Read, P, *Alive*, (Open Road Media, New York, 2016).

［70］ *Douglas Jerrold's shilling magazine. v. 1*, (London,1845) 374.

［71］ United Press International, *Chocolate Possibly Contaminated by Chernobyl Radiation*, April 5, 1988, https://www.upi.com/ Archives/1988/04/05/Chocolate−possibly−contaminated−by−Chernobyl− radiation/3538576216000/ Accessed, 04/08/2020.

［72］ Williams, V, *Celebrating Life Customs around the World: From Baby Showers to Funerals*, (ABC−CLIO, U.S.A.,2016) 278.

［73］ Favy, Japan, *Choco Banana: Only at Summer Festivals in Japan*, available from https://favy−jp.com/topics/644, accessed 04/09/2020.

［74］ D'imperio, Chuck, *A Taste of Upstate New York: The People and The Stories Behind 40 Food Favorites*, (Syracuse University Press, U.S.A.,2015) 235.

［75］ Pare, J, *Company's Coming Cookies*, (Company's Coming Publishing Limited, Canada,

第2章　灵丹妙药、迷信与灾祸：巧克力更为丰富的关联元素

［1］ Ohler, Norman, *Blitzed: Drugs in Nazi Germany*, (Penguin, 2016).

［2］ Schiller, Annie, *German National Cookery for English Kitchens,* (Chapman and Hall,

London 1873) 193.

[3] British Newspaper Archive, *Hampshire Advertiser*, (Wednesday 20 December 1899).

[4] American Home Economics Association, *Journal of Home Economics, Volume 44, Issue 7,* 1952 p.481.

[5] Radford, R.A, *The Economic Organization of a P.O.W. Camp,* (Economica, 1945).

[6] Printz, D,R, *On The Chocolate Trail*, (Jewish Lights Publishing, U.S.A., 2013) 70.

[7] The Independent, *Nestle pays $14.6m into Swiss banks' Holocaust settlement* Monday 28 August, 2000, https://web.archive.org/ web/20150703053430/http://www. independent.co.uk/news/business/ news/nestle–pays–146m–into–swiss–banks–holocaust–settlement–711755. html accessed on 09/09/2020.

[8] British Newspaper Archive, *Daily Record*, (Thursday 15 October 1914).

[9] British Newspaper Archive *Weekly's Freeman's Journal*, (Saturday 18 February 1922).

[10] Frost, A, *Utterly Unbelievable WWII in Facts,* (Penguin, 2019).

[11] Jaine T (ed) *Oxford Symposium on Food and Cookery, 1984 & 1985*, (Prospect Books, 1986) 159.

[12] McGrath, J.F, *War Diary of 354th Infantry*,(J.Lintz, U.S.A, 1920) 56.

[13] Barnard, C, I, *Paris War Days: Diary of an American,* (Library of Alexandria, 1914).

[14] Stirling, A., (ed), *A Belle of the Fifties. Memoirs of Mrs. Clay of Alalabama, covering social and political life in Washington and the South, 1853-66.* (Doubleday, Page and Company, 1905) 225.

[15] Hershey Community Archives *"Ration D Bars –"*Hersheyarchives. org. Accessed 10/09/2020.

[16] *Life Magazine*, (November, 1952) 11.

[17] Le Blanc, R.D., *Bonbons and Bolsheviks: The Stigmatization of Chocolate in Revolutionary Russia*, (University of New Hampshire, 2018).

[18] Carlson, M., *Twelve.APoema in a New Translation*, KUScholarWorks, https:// kuscholarworks.ku.edu/handle/1808/6598?show=full, (accessed 06/08/2020).

[19] Mignon Chocolate, https://mignonchocolate.com/about–us/ (accessed 09/08/2020).

[20] Reilly, N, *Ukrainian Cuisine with an American Touch and Ingredients*, (Xlibris

corporation, U.S.A, 2010) 558.

[21] Wairy, L.C., *Memoirs of Constant – First Valet de Chambre to the Emperor, Volume 2,* (Pickle Partners Publishing, 2011).

[22] Beata's Bakery, Wuzetka cake, available from https://wypiekibeaty. com.pl/ciasto-wuzetka/, (accessed 08/10/2020).

[23] Dillinger, T, Barriga, P, Escarcega, S, Jimenez, M, Lowe, Diana, Grivetti, L, *Food of the Gods: Cure for Humanity? A Cultural History of the medicinal and Ritual Use of Chocolate,* (American Society for Nutritional Sciences, 2000).

[24] *Norton, Marcy, Sacred Gifts, profane Pleasures: A History of Tobacco and Chocolate...*

[25] Grivetti, L.E., Shapiro, Y, (ed) *Chocolate: History, Culture and Heritage,* (John Wiley and Sons, Uni of California, 2000) 1844

[26] Ibid. 63.

[27] Loveman, K. (2013). The Introduction of Chocolate into England: Retailers, Researchers, and Consumers, 1640 – 1730. Journal of Social History 47(1), 27–46. Oxford University Press.

[28] Stubbe, H, *The Indian Nectar, Or a Discourse Concerning Chocolata* (Andrew Crook, London, 1662).

[29] Ibid.

[30] Colmenero de Ledesma, A, (Translated by Capt. James Wadsworth), *Chocolate, Or, An Indian Drinke,* (John Dakins, London 1652).

[31] Loveman, K.(2013). *The Introduction of Chocolate into England: Retailers, Researchers, and Consumers, 1640–1730.* Journal of Social History 47(1), 27–46. Oxford University Press.

[32] Ibid.

[33] Strother, E, *Materia medica or A new description of the virtues and effects of all drugs or simple medicines,* (Charles Rivington, London, 1729) 316.

[34] Leake J, *Medical Instructions Towards the Prevention and Cure of Chronic Diseases Peculiar to Women,* (Baldwin, London, 1787).

[35] Hall, H, *The Vertues of Chocolate East-India Drink,* (Oxford, 1660).

[36] Pepys, S, *Delphi Complete Works of Samuel Pepys (Illustrated),* (Delphi Classics, Hastings, 2015).

[37] Arbuthnot, J, *An Essay Concerning the Nature of Ailments*, (London, 1731).

[38] De Chelus, D., *The Natural History of Chocolate,* (J.Roberts, London, 1724).

[39] *The Medical Times and Gazette: A Journal of Medical Science, Volume II,* (John Churchill and Sons, London, 1869).

[40] British Newspaper Archive, *Daily Mirror*, (Monday, 20 May 1929).

[41] Wingate Chemical Company, *The Wingate Almanac*, (1903).

[42] Visioli, F, *Chocolate and Health*, (Springer, 2012) 11.

[43] Beals, R,L *Cherán: a Sierra Tarascan Village*, (U.S. Government, Washington, 1946) 167.

[44] British Newspaper Archive *Cornish and Devon Post*, (Saturday 11 January 1908).

[45] Mrs. Ben Issacs, *The New Orleans Federation of Clubs Cook Book*, (New Orleans, 1917).

[46] McGregor, A, *Frank Hurley: A Photographer's Life,* (National Library of Australia, 2019) 62.

[47] Scott, R.F., *Captain Scott's Last Expedition*, (Oxford University Press, 2008).

[48] Kitching, C, *Scott expedition cake 'almost' edible after being found near South Pole 100 years after explorer's ill-fated voyage,* 11 August, 2017, The Daily Mail, https:// www.mirror.co.uk/ news/world–news/scott–expedition–cake–almost–edible–10969916 (accessed, 14/09/2020).

[49] Farmer, F.M, *The Boston Cooking School Cook Book,* (Little Brown and Co., Boston, 1911) 512–513.

[50] Ibid. 528.

[51] Jeffers, H.P., *Roosevelt the Explorer* (Taylor Trade Publishing, 2002).

[52] Clark, September 17, 1806, *Journals of the Lewis & Clark Expedition*, https:// lewisandclarkjournals.unl.edu/item/lc.jrn.1806– 09–17#lc.jrn.1806-09-17.01 (accessed, 28 September 2020).

[53] Clarke, C.G., *The Men of the Lewis and Clark Expedition*, (University of Nebraska Press, 2002) 317.

[54] Moody, H, *Mrs William Vaughn Moody's Cook-Book*, (C.Sribner's Sons, New York, 1931) 276.

[55] Neil, H, *The True Story of the Cook and Peary Discovery of the North Pole,* (The Educational Co., Chicago, 1909).

[56] Blake, E. Vale, *Arctic Experiences*, (Marston, Low & Searle, London, 1874).

[57] Martyris, N, *Amelia Earhart's Travel Menu Relied on 3 Rules and People's Generosity*, July 8, 2017, https://www.npr.org/sections/ thesalt/2017/07/08/536024928/ amelia-earharts-travel-menu- relied-on-three-rules-and-peoples- generosity?t=1601381978599 (accessed 29/09/2020).

[58] Burke, J, *Amelia Earhart: Flying Solo,* (Quarto Publishing Group, U.S.A, 2017).

[59] Sandler, M, *Flying Over the U.S.A: Airplanes in American Life*, (Oxford University Press, New York, 2004).

[60] Claire, M, *The Modern Cook Book for the Busy Woman*, (Greenberg, New York, 1932).

[61] Uhlig, R, *How Edmund Hillary Conquered Everest,* 12 January, 2008, The Telegraph. https://www.telegraph.co.uk/news/uknews/ 1575348/How-Edmund-Hillary- conquered-Everest.html, accessed 25/06/2020.

[62] Krakauer, J, *Into thin Air: A Personal Account of the Mount Everest Disaster*, (Pan Books, New York, Canada and Great Britain, 1997) 117.

[63] Gaul, E, Berolzheimer, R (ed) *The Candy Book*, (Consolidated Book Publishers, Chicago. 1954).

[64] Trusler, J, *CHAP. XXIII. Review of the Manners and Customs of the Italians in general, particularly in their private Life, their Games and Pastimes.* (London 1788) 220.

[65] Berdan, F, Anawalt, F, *Codex Mendoza: Four Volume set*, (University of California Press, 1992).

[66] Redfield, R, *Chan Kom a Maya Village*, (University of Chicago Press, 1962).

［67］Ruiz de Alarcon, H, *Treatise on the Heathen Superstitions that Today Live Among the Indians Native to this New Spain, 1629,* (University of Oklahoma Press, 1984) 132.

［68］Ibid.

［69］Wyman A.L., (ed) *Los Angeles Times Prize Cook Book,* (Times– Mirror Print and Binding House, Los Angeles, 1923).

［70］Patterson, R, *A Kitchen Witch's World of Magical Food,* (Moon Books, 2015).

［71］Bainton, R, *The Mammoth Book of Superstition: From Rabbits' Feet to Friday the 13th,* (Hatchette UK, London, 2016).

［72］Matthews, K, *Great Blueberry Recipes,* (Storey Publishing, U.S.A, 1997) 7.

［73］Reitain, E *Is God A Delusion?,* (John Wiley & Sons, 2011).

［74］*Orange Coast Magazine,* (U.S.A., March, 2006) 108–109.

［75］*Orange Coast Magazine,* (U.S.A., December 1987) 311.

［76］de Montespan, Madame La Marquise, *Memoirs of Madame La Marquise de Montespan, Volume 1,* (L.C. Page & Company, Boston, 1899).

［77］*Psychopedia,* (Blackhous Applications, 2014).

［78］Brown, N, I, *Recipes from old hundred: 200 Years of New England Cooking,* (M.Barrows and Company, U.S.A.,1939) 181.

第 3 章　金钱、市场与商品：甜到发腻的巧克力

［1］Library of Congress, Historic American Newspapers, *The Centre Reporter,* (27 April 1876).

［2］British Newspaper Archive, *Eastbourne Gazette,* (Wednesday, 29 May 1867).

［3］British Newspaper Archive, *Bell's Weekly Messenger,* (Saturday 02 August, 1862).

［4］*The Magazine of Domestic Economy, Volume 4,* (W.S. Orr & Co., London, 1839).

［5］Duff, C, *Ireland and the Irish,* (Putnam, New York, 1953) 170.

［6］British Newspaper Archive, *Newcastle Daily Chronicle,* (Wednesday 26 November 1919).

［7］British Newspaper Archive, *Newcastle Daily Chronicle,* (Friday 12 December 1919).

［8］British Newspaper Archive, *Whitby Gazette,* (Saturday 06 June 1863).

［9］British Newspaper Archive, *Globe*, (Saturday, 24 April 1920).

［10］British Newspaper Archive, *Sheffield Evening Telegraph*, (Friday 08 May 1914).

［11］British Newspaper Archive, *Leeds Mercury*, (Friday 02 March 1934).

［12］British Newspaper Archive, *Bucks Herald,* (Friday 27 February 1948).

［13］British Newspaper Archive, *Leeds Times*, (Saturday 21 March, 1846).

［14］British Newspaper Archive, *Newcastle Courant*, (Saturday 14 October, 1721.

［15］British Newspaper Archive, *Nottingham Evening Post*, (Friday 09 February, 1894).

［16］Ryalls, C.W, (ed) *Transactions of The National Association for the Promotion of Social Science*, (Longman's, Green and Co.,1877) 383.

［17］British Newspaper Archive, *Manchester Courier and Lancashire general advertiser*, (Saturday 29 January 1881).

［18］Burnett, J, *Liquid Pleasures: A Social History of Drinks in Modern Britain*, (Routledge, 2012) 87.

［19］Smith, Mary G., *Temperance cook book*, Mercury Book and Job Print. House, California, 1887. 207.

［20］D'Arcy,B, *Chocolagrams: The Secret Language of Chocolates*, (Chocolate Boat Press, 2016) 50–51.

［21］*Toblerone Cookbook: 40 Fabulous Baking Treats*, (Kyle Books, 2020).

［22］Bellin, M *Modern Kosher Meals*, (Bloch Publishing Company, 1934) 95.

［23］D'Antonio, M, *Hershey: Milton S.Hershey's Extraordinary Life of Wealth, Empire and Utopian Dreams,* (Simon & Schuster, New York, 2006).

［24］Blake, I *So that's Why American chocolate tastes so horrible,* Mail Online, 2017, https://www.dailymail.co.uk/femail/food/ article–4155658/The–real–reason–American–chocolate–tastes– terrible.html (accessed 02/10/2020).

［25］Hagman, B, *The Gluten-Free Gourmet Makes Dessert*, (Henry Holt and Company, New York, 2003).

［26］Binda,V, *The Dynamics of Big Business: Structure, Strategy and Impact in Italy and Spain*, (Routledge, 2013) 116.

［27］*Inside US$31.5 billion Ferrero Rocher heir Giovanni Ferrero's family tragedies,*

News.com.au, 18 January, 2020 https://www.nzherald. co.nz/business/news/article. cfm?c_id=3&objectid=12301483 (accessed 06/10/2020).

［28］Ibid.

［29］Elizabeth, M, *My Candy Secrets*, (Frederick A.Stokes, New York, 1919) 70.

［30］Higgs, C, *Chocolate Islands: Cocoa, Slavery and Colonial Africa*, (Ohio University Press, 2012) 9.

［31］Sinclair, S, Cadbury Bros, Ltd., *Cadbury's Practical Recipes*, (*Partridge & Love Ltd., Bristol,* 1955) 11.

［32］Latosinska, J.N., Latosinska, M (ed) *The Question of Caffeine,* (InTech, Croatia, 2017) 5.

［33］Van Houtens Chocolate, *Grace's Guide to British Industrial History*, https://www. gracesguide.co.uk/Van_Houtens_Chocolate, (accessed 02/10/2020).

［34］Frederick, J.G., *The Pennsylvania Dutch and Their Cookery*, (The Business Boures, New York, 1935) 357.

［35］British Newspaper Archive, *Yorkshire Evening Post*, (Saturday 18 July 1891).

［36］British Newspaper Archive, *Truth*, (Thursday 20 December 1888).

［37］Francatelli, C.E., *The Cook's Guide and Housekeeper's & Butler's Assistant*, (1862).

［38］Chrystal, P, Dickinson, J., *History of Chocolate in York*, (Remember When, Yorkshire, 2012).

［39］British Newspaper Archive, *Shepton Mallet Journal*, (Friday 27 July, 1923).

［40］British Newspaper Archive, *West Sussex County Times*, (Friday 01 October, 1943)

［41］British Newspaper Archive, West Sussex County Times, Friday 27 April, 1945.

［42］Deutschmann, E, *The Home Confectioner*, (New York, 1915) 8–10.

［43］Rabbi Debbie Prinz, Jewish journal *On the Trail of Chocolate*, May 14, 2014, available from https://jewishjournal.com/culture/ food/129134/on–the–trail–of–chocolate/Accessed, 05/10/2020.

［44］Neil, M,H, *Candies and Bonbons and How to Make Them*, (D.McKay, Philadelphia, 1913) 74.

［45］Troy, S, *Business Biographies: Shaken not Stirred*, (IUniverse, Inc. USA, 2011).

［46］Richards, P *Candy for Dessert*, (The Hotel Monthly Press, Chicago, 1919) 23.

［47］British Newspaper Archive, *Western Daily Press*, Saturday 23 November 1935.

［48］British Newspaper Archive, *Hull Daily*, Saturday 07 December, 1935.

［49］Elizabeth,M *My Candy Secrets*, (Frederick A. Stokes, New York, 1919).

［50］Tan, W, *Cadbury loses fight for colour purple* The Sunday Morning Herald,April 11, 2008, https://www.smh.com.au/national/cadbury–loses– fight–for–colour–purple–20080411–25gw.html (accessed 02/10/2020).

［51］Haigh's Chocolate, Recipes, available from https://www. haighschocolates.com.au/recipes/haighs–celebration–chocolate– mousse–cake, (accessed 13/10/2020).

［52］Chalmers, C, *French San Francisco*, (Arcadia Publishing, 2007) 73.

［53］Guittard, A, *Guittard Chocolate Cookbook, Chronicle Books*, (San Francisco 2015) 9.

［54］Lummis, C.F., *The Landmark Club Cook Book: a California Collection of the Choicest Recipes from Everywhere*, (The Out West company, Los Angeles, 1903)160.

［55］*Rowntree's Little Cookbook of 'Elect Recipes*, (Rowntree's, York, Circa 1930).

［56］Howard, B, Bruce, A, Duncan, A, Semmes, J, *Tight Lines and a Happy Landing : Anticosti, July, 1937*, (Reese Press, Baltimore, 1937).

［57］Allen, E.W, *The New Monthly Magazine Volume 124*, (1862).

［58］LeMoine, J.M, *The Chronicles of the St Lawrence*, (Montreal, 1878) 89.

［59］Menier Chocolate, recipes, available from : https://www.menier. co.uk/wp–content/uploads/2017/02/Tender–Curried–Lamb–Stew.pdf (accessed 12/10/2020).

［60］Sukley, B, *Pennsylvania Made*, (Rowman and Littlefield, 2016) 19.

［61］Macky, J, *Journey Through England*, (J.Roberts, 1714).

［62］British Newspaper Archive, *Falkirk Herald*, (Wednesday 27 April, 1887).

［63］British Newspaper Archive, *Hampshire Chronicle*, (Saturday 05 September 1846).

［64］London Evening Standard, (Monday 17 August 1846).

［65］Kay, E, *Dining with the Georgians*, (Amberley Publishing, Stroud, 2014).

［66］Smith, J, McKay, C (ed) *The Streets of London*, (R.Bentley, London, 1854) 158.

［67］British Newspaper Archive, *Evening Herald (Dublin)*, (Saturday 14 January, 2006).

［68］Wheatley, H.B., *Hogarth's London: pictures of the manners of the eighteenth century*, (Constable and Company, London 1909).

［69］Davey, R, *The Pageant of London*, (Methuen & Co., London, 1906) 387.

［70］Dalby, A, *Dangerous Tastes: The Story of Spices*, (University of California Press, USA, 2000) 147.

［71］'St. James's Street', in *Survey of London: Volumes 29 and 30, St James Westminster, Part 1*, ed. F H W Sheppard (London, 1960), pp. 431–432. *British History Online* http://www.british–history.ac.uk/ survey–london/vols29–30/pt1/pp431–432 [accessed 15 April 2020].

［72］'St. James's Street, West Side, Past Buildings', in *Survey of London: Volumes 29 and 30, St James Westminster, Part 1*, ed. F H W Sheppard (London, 1960), pp. 459–471. *British History Online* http://www. british–history.ac.uk/survey–london/vols29–30/ pt1/pp459–471 [accessed 16 May 2020].

［73］Ibid.

［74］Choat, I, *A Chocolate tour of London: a taste of the past*, The Guardian, 23 December, 2013. https://www.theguardian.com/ travel/2013/dec/23/chocolate–tour–of–london, (accessed 15/10/2020).

［75］British Newspaper Archive, *Derby Mercury*, (Thursday 08 February, 1733).

［76］'Pall Mall, South Side, Past Buildings: Ozinda's Chocolate House', in *Survey of London: Volumes 29 and 30, St James Westminster, Part 1*, ed. F H W Sheppard (London, 1960), p. 384. *British History Online* http://www.british–history.ac.uk/ survey–london/vols29–30/ pt1/p384 [accessed 15 April 2020].

［77］Smith, M,D., (ed) *Sex and Sexuality in Early America*, (New York University Press, New York and London, 1998).

［78］Stubbe, H, *The Indian Nectar, Or a Discourse Concerning Chocolata*, (Andrew Crook, London, 1662)180.

［79］*Notes and Queries*, (Oxford University Press, 1869) 244.

［80］Aslet, C *The Story of Greenwich*, (Harvard University Press, 1999) 255.

［81］British Newspaper Archive, *Sussex Advertiser*, (Monday 03 November 1760).

［82］Abstracts of the Creditors for the year 1750, George Ⅲ Financial Papers, 1759, Royal Collection Trust https://gpp.rct.uk/Record. aspx?src=CalmView.Catalog&id=GIII_

FIN%2f2%2f3%2f9&pos=4, (accessed 07/10/20).

[83] Historic Royal Palaces Enterprises Limited, *Chocolate Fit for a Queen*, (Random House, 2015).

[84] Ordinary's Account, 3 November, 1725, Ref: t17251013–25, Old Bailey, https://www.oldbaileyonline.org/browse.jsp?id=t17251013– 25&div=t17251013–25&terms=Foster_Snow#highlight, accessed 07/10/2020.

[85] Wilkie, J, *Select Trials for murder, robbery, burglary, rapes, sodomy, coining, forgery, piracy and other offences and misdemeanours at the Sessions-House in the Old Bailey*, (London, 1764).

[86] Library of Congress, Historic American Newspapers, *Virginia Argus*, (16 February 1814).

[87] Kurlansky, M, *The Basque History of the World*, (Vintage books, London, 2000) 115.

[88] Sarna, S, *Modern Jewish Baker: Callah, Babka, Bagels and More*, (The Countryman Press, 2017).

[89] Chocolate Babka, June Xie, *delish* www.delish.com/cooking/recipe– ideas/a32648362/chocolate–babka–recipe (accessed, 26/10/2020).

第 4 章　在文艺作品中与巧克力邂逅

[1] Hasse, D, *The Greenwood Encyclopaedia of Folktales*, (Greenwood Publishing Group, 2017) 4.

[2] Gould, R, *The Corruption of the Times by Money: A Satyr.* (Matthew Wotton, London, 1693) 14.

[3] Prior, M, *The Poetical Works of Matthew Prior*, (William Pickering, London, 1835).

[4] Parrott, T,M (ed), *The Rape of the Lock and other poems*, (1906).

[5] Goldoni, C The *Coffee House*, (Marsilio Publishers, 1998).

[6] Glasse, H, *The Art of Cookery Made Plain and Easy*, (J. Rivington & sons, London, 1788) 358.

[7] Thackeray, W.M, *The Four Georges*, (Smith, Elder & Co., London) 48–52.

[8] Briggs, R, *The English Art of Cookery,* (G.G.J. and J. Robinson, London 1788) 439.

[9] Meade, L.T., *A Sweet Girl Graduate*, (1ˢᵗ World Publishing, 2004) 35–36.

[10] Civitello, L, *Cuisine and Culture: A History of Food and People,* (John Wiley & Sons, 2008) 232.

[11] The Village Improvement Society, *A Book for the Cook : Old Fashioned Receipts for new Fashioned Kitchens,* (Greenfield, Connecticut, 1899).

[12] Sammarco, A, *The Baker Chocolate Company: A Sweet History*, (The History Press, U.S.A. 2009).

[13] *The Collected Works of Samuel Taylor Coleridge, Volume 1: Lectures*, (Princeton University Press, 2015) 236.

[14] Dickens, C, *A Tale of Two Cities* (Chapman & Hall, London, 1868) 118.

[15] Walsh, J,H, *The English Cookery Book*, (G.Routledge and Company, London, 1859) 249.

[16] Joyce, J, *Ulysses*, (General Press, 2016).

[17] Sahgal, N, *Prison and Chocolate cake*, (Harper Perennial, 2007) 21.

[18] Mathur, S, *Indian Sweets*, (Ocean Books, New Delhi, 2000).

[19] Meder, T, *The Flying Dutchman and Other folktales from the Netherlands*, (Greenwood Publishing Group, 2008) 20–21.

[20] Hough, P.M., *Dutch Life in Town and Country,* (G.P Putnam's Sons, New York, 1902) 109–110.

[21] Rowling, J.K., *Dementors and Chocolate*, Wizarding World https:// www. wizardingworld.com/writing-by-jk-rowling/dementors-and- chocolate, (accessed 13/10/20).

[22] Blyton, E, *Five Get Into Trouble*, (Hatchette UK, 2014).

[23] *Life Magazine*, (1939) 81.

[24] Esquivel, L, *Like Water for Chocolate,* (Black Swan, London, 1993) 152.

[25] Wood, A, *Home-made Candies*, (Buffalo, 1904) 9.

[26] Siddique, H, *Charlie and the Chocolate Factory hero 'was originally black'*. The Guardian. Wednesday 13 September, 2017, https://www. theguardian.com/books/2017/ sep/13/charlie-and-the-chocolate- factory-hero-originally-black-roald-dahl

(accessed, 09/09/2020).

[27] Dahl, S *Very Fond of Food: A Year in Recipes*, (Ten Speed Press, 2012).

[28] Harris, J, *Chocolat* (Thorndike Press, 1999) 36.

[29] Harris, J, Warde,F, *The French Kitchen: A Cookbook*, (Random House, London, 2002) 220.

[30] Georgescu, I, *Carpathia: Food from the heart of Romania,* (Frances Lincoln, 2020).

[31] Vanetti, D, *The Querulous Cook; Haute Cuisine in the American, Manner.* Macmillan, New York, 1963) 273.

[32] Sharon Otterman, *Handcuffed for selling Churros: Inside the World of illegal food vendors*, The New York Times, November 12, 2019 (accessed 12/10/2020).

[33] Kuritz, P, *The Making of Theatre History*, (Pearson College division, 1988) 228.

[34] British Newspaper Archive, *Lancashire Evening Post* (Thursday 27 May 1920).

[35] British Newspaper Archive, *Daily Herald*, (Thursday 10 June 1920).

[36] British Newspaper Archive, *Pall Mall Gazette*, (Monday 15 August 1921).

[37] British Newspaper Archive, *Hastings and St. Leonards Observer*, (Saturday 20 September, 1919).

[38] British Newspaper Archive, *Millom Gazette*, (Friday 12 September 1913).

[39] British Newspaper Archive, *Uxbridge & W. Drayton Gazette* (Friday 29 August, 1930).

[40] British Newspaper Archive, *Pall Mall Gazette*, (Saturday 01 July 1916).

[41] British Newspaper Archive, *Daily Mirror*, (Saturday 19 February, 1938).

[42] British Newspaper Archive, *The Editor's Box*, (Wednesday 06 November 1929).

[43] *Rowntree's Little Cookbook of 'Elect Recipes,* (Rowntree's, York, Circa 1930).

[44] Cookpad, Suzi Q Cakes with Cream Filling, https://cookpad.com/ uk/recipes/7285321–suzy–q–cakes–with–cream–filling, (accessed 14/10/2020).

[45] Saunders, N,J, *The Peoples of the Caribbean: An Encyclopedia of Archaeology and Traditional Culture*, (A.B.C. Clio, California, Colorado and Oxford, England. 2005) 65.

[46] Stevenson, R, *The First Dated Mention of the Sarabande,* Journal of the American

Musicological Society, volume 5, 1952, 29–31.

[47] Coomansingh, J, *Cocoa Woman: A Narrative About Cocoa Estate Culture in the British West Indies*, (Xlibris, 2016).

[48] Aleman–Fernandez,C.E., *Corpus Christi and Saint John The Baptist: A History of Art in an African-Venezuelan Community*, (ProQuest, United States, 1990).

[49] Marquesa de Chocolate, Venezuelatuya.com https://www.venezuela tuya.com/cocina/ marquesa_chocolate.htm, (accessed on 18/09/2020).

[50] *The American Druggist and Pharmaceutical Record*, Volume 25, (American Druggist Publishing Company New York, 1894) 201.

[51] O'Neil, D,S, *Fix the Pumps: The History of the Soda Fountain*, (2010, Art of Drink.com) 34.

[52] Park, M, CNN Health News Jan 8, 2010, *Soda Fountains contained fecal bacteria, study found.* http://edition.cnn.com/2010/HEALTH/01/08/ soda.fountain.bacteria/index.html (accessed 02/10/2020).

[53] Ordahl Kupperman, K, *Roanoke: The Abandoned Colony*, (Rowan & Littlefield, United States and Plymouth, UK, 2007).

[54] Fleck, H, Fernandez, L, Munves, E,, *Exploring Home and Family Living,* (Prentice-Hall, New Jersey, 1959) 126.

[55] *The Magazine of Science, and School of Arts*, Volume 5, (1844) 349.

[56] The Recipe for Nougat, Arnaud–Soubeyran, https://www.nougatsoub eyran.com/en/the-recipe–of–nougat/ (accessed 15/10/2020).

[57] *The Smell of Chocolate*, Hebrew Songs, http://www.hebrewsongs. com/song–reachshelshokolad. htm (accessed 20/10/2020).

[58] Elit Chocolate, Recipes, Chocolate Cheesecake, http://www.elit– chocolate.com/ recipies/cheese–cake/ (accessed 16/10/2020).

[59] Anna Jones, Sea Salted Chocolate and Lemon Mousse, Fairtrade Foundation, Recipes, https://www.fairtrade.org.uk/media–centre/ blog/anna–jones–sea–salted–chocolate-and–lemon–mousse/ (accessed, 27/10/2020).

译后记

感谢您阅读《巧克力的暗黑历史》的中文译本。

这本书的内容十分独特。它详细描述了巧克力的起源及发展历程，从最早中美洲古代玛雅文明和阿兹特克文明时期，可可豆作为一种用于崇拜、贸易甚至物物交换的货币，到如今全世界人们对巧克力的喜爱以及对其赋予的深刻而多元的文化含义。同时，还揭示了欧洲殖民者当时是如何奴役和剥削当地原住民，利用世界对巧克力日益增长的需求而获取暴利。此外，还引人入胜地介绍了数百年来与巧克力如影随形的谋杀、劫掠、迷信和冲突的社会历史故事。巧克力这种令人陶醉的食品在其发展历史上的种种暗黑历史提醒我们，在享受巧克力的美味时，我们应该珍视它的真正价值，并思考其背后更广泛的社会和道德问题。

正如书中阐述的那样，在这个全球化的时代，巧克力产业日新月异，层出不穷的技术发展为大众提供了更多的巧克力选择，也为不同国家和地区架起了一座文化的桥梁。但同样不可忽视的是，也带来了可持续发展、劳工权益、环境保护及尊重不同文化传统等一系列问题。

我感到非常幸运，能够为中文读者带来这些重要内容。我希望本书不仅能激发读者对巧克力这种"神之食物"的全新认识，同时也启发人们对更广泛社会问题的思考。

需要向读者说明的是，书中有许多涉及欧洲和美洲历史比较生涩的内容，译者尽可能都做了简要注解，以便于读者顺畅阅读。另外，书中介绍的数十个珍贵巧克力食谱中涉及大量英制计量单位，译者不便一一换算，只在书前列出了其与我国通行的法定计量单位的换算关系。

再次感谢您的阅读和支持，希望广大读者继续参与这一重要讨论，并采取行动，使世界变得更加公正和可持续。

最后以美国著名的心理治疗专家、杰出的心灵导师朱迪斯·维奥斯特（Judith Viorst）的一句风趣的有关巧克力的名句来结束我的后记：

"Strength is the capacity to break a chocolate bar into four pieces with your bare hands, and then eat just one of the pieces."

（力量就是赤手把一块巧克力折成四块，然后只吃其中一块的能力。）

张必翘

2023 年 11 月于多伦多